农村妇女心理健康一点通

陈　利　吕淼钦 编著

图书在版编目(CIP)数据

农村妇女心理健康一点通 / 陈利，吕淼钦编著.
—杭州：浙江工商大学出版社，2017.10(2019.11 重印)
ISBN 978-7-5178-2308-7

Ⅰ.①农… Ⅱ.①陈… ②吕… Ⅲ.①农村—女性心理学—基本知识 Ⅳ.①B844.5

中国版本图书馆 CIP 数据核字(2017)第 184571 号

农村妇女心理健康一点通

陈　利　吕淼钦　编著

责任编辑　沈明珠　谷树新
责任校对　穆静雯
封面设计　林朦朦
责任印制　包建辉
出版发行　浙江工商大学出版社
(杭州市教工路 198 号　邮政编码 310012)
(E-mail:zjgsupress@163.com)
(网址:http://www.zjgsupress.com)
电话:0571-88904980,88831806(传真)
排　　版　杭州朝曦图文设计有限公司
印　　刷　虎彩印艺股份有限公司
开　　本　880mm×1230mm　1/32
印　　张　9.75
字　　数　223 千
版 印 次　2017 年 10 月第 1 版　2019 年 11 月第 2 次印刷
书　　号　ISBN 978-7-5178-2308-7
定　　价　25.00 元

浙江工商大学出版社营销部邮购电话　0571-88904970

序

岁末冬日的一个下午，接到陈利女士的电话及她寄来的《农村妇女心理健康一点通（初稿）》。她的意思是希望我能为这个小册子写几句作个序。作序不敢，我答应一定认真拜读她和她的团队编写的读本。这一看便由书及人，想说两句。

认识陈利是因为她是嵊州市妇联的办公室主任。我的印象里，嵊州妇联的农村妇女工作一直有声有色，无论是创业支持、困难帮扶，还是文化引领、志愿服务，以及家庭文明、“两癌”救助……有些还在全国会议上做过介绍。许是祖籍是嵊州的缘故（初中毕业前，大多数的日子里，我随祖父母生活在出门就见山的嵊州农村），平日里便对嵊州多有一份关注。陈利给我留下的印象是热情、干练和爽朗。今天知道，她退休不退志，把那份对工作、对事业的爱融进了自己的生活，或者说过成了自己的生活，在嵊州市巾帼志愿者公益平台（心悦公益）上，汇爱心、聚善行，挥洒人生。从物质的援助到精神的关爱，她为那些需要帮助的农村妇女姐妹牵线搭桥且身体力行，编写《农村妇女心理健康一点通》简明读本，开设心悦健康课堂，实施阳光妈妈关爱项目。

我由衷地佩服她和她的团队的这个举动。在我的记忆深处，村子里的妇女多有婆媳间、妯娌间、邻居间为一些家庭琐事争吵的现象。今天，社会进步了，生活水平也在提高，但相信她们压力依然，责任更重，挑战更多，并且不断产生新的困惑。陈利她们看到了，便着手编写这个读本，以唤醒更多农村妇女对自己心灵的呵护，增强心理健康意识，提高自我调适能力，培育阳光心态，积

极面对困难和挑战。这是一件授人以渔的大好事。它不仅是女性素养提升工程的一部分，更是建设文明家庭、美丽乡村、健康浙江、和谐社会的实际行动。

我认真翻阅了这个简明读本，脑海中跳出“通俗易懂”四个字。什么是心理健康？怎样建立健康心理？如何处理人与人、人与自然、人与社会的关系？碰到常见的心理问题怎么办？读本用问答式的方法一一作答。读在先的可以预防，读在后的可以矫正。总之，它是一本贴近家庭、贴近妇女，读得懂、用得上的科普式的心理健康读本。相信它不仅对农村妇女有用，也能给其他人带来启发。

感谢嵊州市巾帼志愿者公益平台为农村妇女所做的这一件件好事。愿有更多的人加入这样的队伍，帮助农村妇女建立阳光、自信、积极、宽容、感恩的心理模式，推动形成爱国爱家、相亲相爱、向上向善、共建共享的家庭文明新风尚！

张丽萍

2017 年 1 月 8 日

本文作者系浙江省妇女联合会副主席

前 言

习近平总书记指出，在中国人民追求美好生活的过程中，每一位妇女都有人生出彩和梦想成真的机会。

美丽乡村处处都有农村妇女的参与。田间地头有她们的身影，外出打工有她们的辛劳，厨房厅堂是她们的舞台，她们的肩上担负着尊老爱幼、教育子女的责任，她们更是弘扬社会风尚、传承良好家风、实现美丽梦想的导演和主角。然而，由于当前农村妇女面对传统和现代的双重定义、具有社会和家庭的双重身份，决定了其比男性需要承受更多的心理困惑与压力，导致“心病”频发。

美好的生活始于心理健康。为普及心理健康知识，帮助农村妇女解决心理困惑，使她们都能沐浴在幸福安宁的阳光里，我们在多年积累的工作经验的基础上，参考大量文献资料，编写了这本书。本书的主要特点是注重农村妇女实际，贴近家庭，贴近生活，通俗易懂，围绕对心理健康的正确认识、构建和谐的人际关系、追求甜美的爱情事业、经营幸福的婚姻生活、掌握科学的家庭教育、走出暂时的人生窘境等多个方面进行阐释剖析，有针对性地提出舒缓心理压力、解决心理困惑、防治心理疾病的对策，并提供心理健康的自我测试方法，让农村妇女也能做自己的心理医生。培养自尊自信、理性平和、积极向上的阳光心态，使她们都能收获健康、幸福、美好的生活和事业，都能成为全面建成小康社会征程中的“半边天”。

健康的一半是心理健康，疾病的一半是心理疾病。真诚希望

广大农村妇女能积极行动起来，呵护自己的心灵，调适自己的心态，让健康快乐伴随每一天，拥有更多的幸福感和获得感。

需要说明的是，在本书编写过程中，参阅和引用了大量文献资料，我们在书末列出了主要参考书目，在此向这些作者表示由衷感谢。同时由于编写时间和编者水平有限，书中多有不足之处，敬请广大读者批评指正。

编　者

2016 年 12 月 25 日

目 录

第三章　甜美的爱情事业

第四章　幸福的婚姻秘诀

第五章　温暖的第一课堂

第六章　暂时的人生窘境

阳光的心　正视常见心理问题 / 183

第七章　神秘的心灵花园

第一章
科学的健康理念

快乐的心　关注自己的身心健康

人类最难战胜的敌人是自己，对自己的心理状况我们常常最熟悉又难以把握。当我们面对生活压力、人生的烦恼，最根本的解决办法就是让自己心理健康，拥有快乐的心。通过本章的学习，你会了解什么是心理健康及心理健康的标准。你可以此为依据进行心理健康的自我诊断，一旦发现自己心理状况在某个方面与心理健康标准有一定距离，就要有针对性地加强心理锻炼，以期达到心理健康的目的。

一、农村妇女心理健康的标准

人们一般认为，健康就是没病没痛的意思。但事实上，世界卫生组织（WHO）把健康定义为：体格上、心理上和社会适应上的理想状态。这里重点来说说心理健康的标准是什么。

1.心理健康的标准

首先，要明白人的心理活动是怎么产生的。人的心理活动，是人的大脑对外界环境的反映。虽然大脑的活动看不见、摸不到，但是从一个人的喜怒哀乐、言行举止可以看出来，别人的评价和判断也是心理健康的一面镜子。

人是高级社会动物，一个人是否心理健康，主要看其对社会环境与人群是否适应，是否处于一种认知合理、情绪稳定、行为适当、人际和谐的完好状态。人的道德品质、文明水平，也是心理健康的重要标志之一。

第三届国际心理卫生大会把健康的心理状态定义为：身体、智力、情绪十分协调；适应环境，在人际交往中能彼此谦让；有幸福感；在工作和职业中能充分发挥自己的能力，过有效率的生活。

2.普通妇女的心理健康

具体来说，普通妇女心理健康的标准是：

（1）智力发育正常。

（2）情绪稳定，能自我控制，不会喜怒无常。

（3）能够适应社会环境变化。

（4）待人处世有规矩、懂礼貌，在乡间邻里是一个受欢迎的人。

(5)有自知之明,做事能充分发挥自己的能力,意志坚强,不怕挫折失败。

(6)坚持不懈学习新知识、新技术,善于积累劳动经验。

(7)讲诚信、重情意,言行一致,是一个可信赖的人。

心理健康的标准,是我们每个女性应该努力追求的,也是人人可以做到的。如果您的心理健康,就会神清气爽、热爱生活、快乐工作,这对提高您和全家人的生活质量是大有益处的。

二、心理健康与身体健康的相互影响

张奶奶因车祸不幸去世。尸检报告说她有肺病、溃疡、肾病和心脏衰弱,但她竟然活到了84岁。医生说:“这个人全身是病,一般情况30年以前就应该去世了。”有人问张奶奶的老伴,她怎么能活到这么大岁数?他说:“我老伴不管遇到怎样的困难从来不发愁,每天乐呵呵的。”

另一个例子是,丘大嫂从40多岁起就患高血压,心脏功能也不够好。她唯一的儿子小丘常不让她省心,一次与同学打架,小丘竟然用水果刀把同学扎伤致残,小丘被拘捕判刑。丘大嫂焦急万分,突发脑溢血去世。这突然的精神打击,要了丘大嫂的命。

心理健康与身体健康是互相影响、互相制约的。很多躯体疾病的发生发展与心理状况密切相关。如果人整天焦躁不安、发怒、紧张等,就会使压力激素水平长时间居高不下,人体的免疫系统将受到抑制和摧毁,心血管系统也会由于长期过劳而变得格外脆弱。现代医学发现:癌症、动脉硬化、高血压、消化性溃疡、月经不调等65%—90%的疾病与心理的压抑感有关。因此,这类病被称为心身性疾病。古代医学早就提出了喜、怒、忧、思、悲、恐、惊

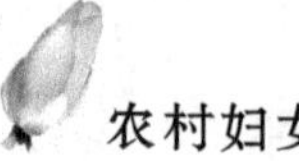

七情致病的理论。我们平时也常遇到这样的情况:心情不好就容易感冒;为一些事情发愁,就失眠厌食;家庭有矛盾或与别人争吵后,就心里别扭、焦躁头痛;等等。这些都是心情、心态对身体健康的不良影响。

心理健康是健康的基石。健康的一半是心理健康,我们既要关注身体健康,也要关注心理健康。积极调整心态是增强机体免疫力、抵抗各种疾病侵袭的重要屏障。为了自己的健康,就需要多了解和学习一些心理学方面的知识,防患于未然,健康自然会属于你。

三、影响农村妇女心理健康的各种因素

在当前城镇化潮流中,无论从物质层面到精神层面,还是从生产层面到生活层面,农村都正在发生巨大变化。部分妇女面对各种有形无形的压力和观念的挑战,由于缺乏有效释放和排解不良情绪和情感的途径,往往会出现失眠健忘、食欲不振、紧张焦虑、无精打采等状况,在心理上处于一定程度的不和谐状态。如果一个人难以适应生活中所要面对的各种情况,感到压力过大,从而引起心理上的不适感,那么就可以说她的心理出现了病患。

1.心理疾病的成因

为什么人会患上心理疾病?具体的影响因素见图 1-1。

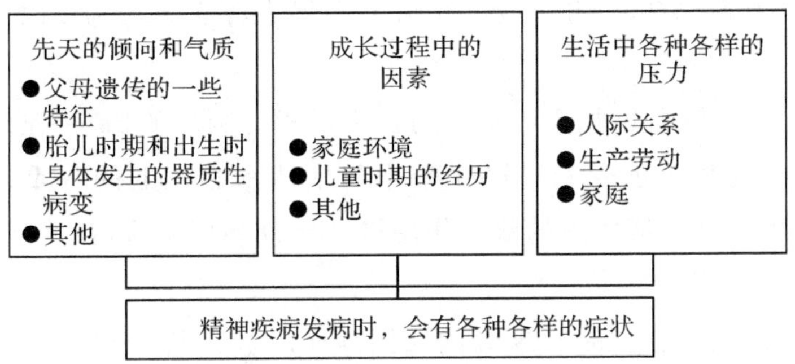

图 1-1　心理健康的影响因素

从上图可知，父母的遗传，出生时的身体状况、家庭环境，儿时的经历和生活中的各种压力都会影响人的心理健康。

2. 农村妇女心理疾病诱因

农村妇女产生心理疾病的诱因如下：

(1)女性生理与心理特点。月经周期、妊娠和产后的特殊生理时期、更年期等变化，加之女性肩负工作家庭两副重担，生活、工作的压力大，心理障碍、心理疾病的出现频率较男性高。据相关统计资料显示，围产期抑郁症、经期综合征、更年期综合征已经成为影响女性心理健康的三大疾病。

(2)超负荷生产劳动的压力。被繁重的农家活和工作压力所困，长期处于高度紧张的状态下，得不到及时的调理，产生焦虑不安、精神抑郁等症状。在农村有些地方，片面追求经济发展和收入水平提高，导致部分发展能力弱的妇女人群对生活信心不足，陷入紧张、焦虑等不平衡的状态中。

(3)感情与家庭的变故。失恋、夫妻不和、离婚等常使妇女人群因对感情的难以割舍而痛苦不已，有些人因此产生心理障碍甚至做出不理性的过激行为。除此之外，婆媳关系、妯娌关系、姑嫂

关系、夫妻关系、邻里关系、乡亲关系等人际关系也让妇女疲于应付。

(4)生活贫困加重心理压力。生活相对困难的妇女人群在贫困化的同时还承受着边缘化带来的生活和心理上的双重冲击。心理压力和经济压力的双重作用极易导致心理疾病,甚至造成家庭破裂。

(5)急功近利的心理倾向。因急于求成而拼命创业赚钱,但常因心有余而力不足导致失败,进而诱发各种心理障碍。

(6)农村留守妇女。男性劳力外流,女性担当更多角色,身心负担沉重,心理问题凸显;夫妻分居两地,又普遍缺乏交流倾诉的渠道,精神长期处于紧张和压抑状态,精神疾患患病概率大大提高。

(7)被溺爱的独生子女。在溺爱中长大的孩子,容易养成任性、自私等不良习性,还常常表现为性格孤僻、耐挫力差、社交恐惧,甚至有暴力倾向。

(8)投资亏损后无法承受。当长期的投入未得到期望的回报或严重亏损时,强烈的挫败感、资金流失极可能摧垮人的心理防线,甚至引起轻生的念头。

(9)教育缺乏。大部分农村妇女对心理健康知识的了解甚为肤浅,对精神病人或心理异常的偏见,使某些人对"精神病人"这个标签非常恐惧。

(10)老年人缺乏精神关爱。目前,大部分老年人的物质生活基本得以满足,但他们的精神生活和心理需求的满足度却还不尽如人意,尤其是留守老人,在子女外出的情况下,孤独感是他们最大的心理障碍。

近年来,各类精神疾病已经在所有"疾病负担"中居首位,超

过了心脑血管、呼吸系统问题及恶性肿瘤等躯体疾病。没有心理健康，全面健康就无从谈起。所以，要关注农村妇女心理健康，构建和谐幸福的生活。

四、农村妇女不同时期的心理发展

按照我国长期教育实践经验和心理学研究资料，将女性大体划分为以下几个时期：

1.少年时期(12—18岁)

少女的生理成熟快于心理成熟，第二性征形成，开始出现月经。生理上的快速成熟使少年儿童产生成人感，而心理发育的相对缓慢使她们仍处于半成熟期。家长应注意其身心健康，了解孩子的物质需求、与朋友交往的需求、对异性关注的需求。若再用过去对待幼童的方法对待她们，她们就会反感或反抗。在这一阶段，她们的感知能力增强，但是抽象思维不如同时期的男孩；对社会潮流很敏感，渴望认识与实现自我，情绪易波动，对美的追求趋于强烈；心理发展曲折。

2.青年时期(19—35岁)

伴随着生理上的成熟，女性的认知能力、情感和人格的发展都日趋完善，开始形成稳定的人生观和价值观，社会赋予女性更多的角色，需承担社会、家庭双重责任。这一时期女性的智力发展达到高峰期，学习能力强，接受新事物快；情感丰富、细腻，容易动情，表达上又显得含蓄；关心世界、深入生活，从事各种创造活动，心理问题也特别多。

3.中年时期(36—55岁)

这是人生历程的中间阶段,是生理的成熟期,心理的稳定期,也是向老年转化的过渡期。心理发展特点既体现平稳性又表现出多变性。中年人精力充沛、阅历丰富、工作繁忙、家务繁重、人际关系复杂。中年人处于社会、家庭和事业的多重压力之中,容易产生心理疲劳,再加上年龄的跨度较大,经历多事之秋的更年期,因此会有更复杂的心理问题。

4.老年时期(56岁至衰老)

这是人生之路完成的一个自然阶段。老年时期的主要表现为记忆力逐渐减退,并出现失落感、孤独感、怀旧、适应性差、心理情感易于波动并产生过度依赖等心理特点。

妇女在不同的时期,会有不同的心理问题,不同的女性也会被不同的心理问题困扰,不同的心理问题又有不同的应对办法。但在农村,很多女性忽视心理问题,对心理问题缺乏足够的重视。因此,要通过开展心理健康教育,促进妇女心理健康,增强自我保健意识和心理调适能力,提高生活质量。

五、农村妇女常见的心理误区

错误的认识会影响到农村妇女的心理健康,在农村,对于心理健康的认识,比较常见的误区有以下五种:

误区1:身体健康,心理就健康。

健康就是不生病、不打针、不吃药吗?其实身体健康不等于健康,也不等于心理健康。身体健康与心理健康是相互独立又相互依赖的。只有两者都具备,一个人才能算作健康。

误区 2:有心理问题就是神经病。

许多妇女对“心理问题”十分敏感,认为有心理问题是很难堪的,误以为有心理问题就是神经病。人经常会有心理困惑,调适不当就会形成新的心理问题,长久得不到解决就会发展为心理疾病。其实每个人都或多或少存在心理问题,一般心理问题与精神病没有必然的、内在的联系,不会都发展为精神病。

误区 3:把心理问题当作思想毛病,认为不需要防治。

在农村有很多人是这样认为的,心理治疗就是劝说劝说,做做思想工作,说说知心话,是不需要的。健康是指一种身体上、心理上和社会适应方面的良好状态,心理问题也属于健康的范畴,所以心理问题也需要治疗,对心理问题同样应贯彻预防为主的原则。

误区 4:去看心理医生觉得丢人现眼。

很多人觉得去看心理医生是很难为情的事情,认为看心理医生的人都心理变态,会被人当笑柄。在农村对心理咨询了解的人还不是很多,这可能是造成这种误区的原因之一。

误区 5:心理上的“病”不是病。

在农村一般只重视身体健康,身体有病就大大方方地去看医生。心理上有“病”不是病,所以不必看医生。由于心理健康知识匮乏,有的人得了心理疾病,却浑然不知。即使在发现家人心理有问题时,也不是及时地劝说其就医或进行正确的引导,而是掩饰着,结果小问题也逐渐成了大问题。

六、提升农村妇女心理素养的途径

心理健康是人在成长和发展过程中,认知合理、情绪稳定、行

为适当、人际和谐、适应变化的一种完好状态。妇女在社会及家庭中具有重要地位，其心理健康一旦出现问题，困扰的不仅仅是妇女本身，她的家庭、朋友都将承受极大的压力和无法避免的打击。所以预防或减少妇女各类心理行为问题发生，关系到农村妇女的幸福安康，影响社会和谐发展。提升农村妇女心理素养的途径有：

1. 普及心理健康知识

开展心理健康宣传教育、加强人文关怀是提升农村妇女心理素养的基本途径。通过宣传教育能让农村妇女学习一些心理保健知识，正确认识精神疾病，破除传统观念影响，不因为出现精神障碍而自卑或悲观失望。在情绪易波动的特殊生理时期（如月经期、妊娠期、更年期）学会控制自己的情绪，缓解紧张的人际关系，减少家庭冲突，以顺利渡过难关。

2. 树立正确的自我意识

正确的自我意识有利于人的心理健康，有利于人对自身行为进行适宜的调控。在农村妇女的生活中，我们时常看到这样的现象，同一件事情发生在不同的人身上，不同的人的情绪反应会不一样。因此，我们要正确认识自己，了解自我，接纳自己的优势与缺陷，找准自己在现实环境中的位置。

3. 调整好家庭关系

夫妻关系和婆媳关系紧张是造成妇女心理失调的两大重要因素。夫妻间要学会喜爱和赞赏，建立良性沟通模式，彼此关注，提升夫妻间的亲密感。婆媳双方都要学会尊重对方、谅解对方、体贴对方，形成良好婆媳关系。家庭成员相互理解支持，相互信

任，遇到困难与家人一起商量解决，给自己创造一个良好的生活环境。要自立、自强、自信、自尊，倡导夫妻和睦、尊老爱幼、科学教子、勤俭节约、邻里互助。

4.乐观的生活态度

把家庭致富创业目标定在自己能力所及的范围内，不对自己过分苛求。假如一个人不能客观制定目标，结果往往是目标落空，个人心理上遭受打击，产生挫败感，给心境造成不良的影响。

5.遇到心理问题时主动寻求帮助

每个人一生中都会遇到各种心理卫生问题，重视和维护心理健康非常重要。心理卫生问题能够通过调节自身情绪和行为、寻求情感交流和心理援助等方法解决。培养健康的生活习惯和兴趣爱好，积极参加社会活动，等等，均有助于保持和促进心理健康。

精神疾病是可以预防和治疗的。如果发现有明显心理行为问题或精神疾病，应该设法与家人和朋友多多沟通，将自己的问题告知他们并寻求帮助，不必因此感到羞耻或难堪。不要误以为精神障碍只是性格问题或思想问题，否则会延误治疗，导致病情加重。要及早去精神专科医院或综合医院的心理科或精神科咨询、检查和诊治。

女人生气对人体有多少伤害

常生气是百病之源。从中医角度来看，生气至少有以下

害处：

伤脑。气愤之极，可使大脑思维突破常规活动，往往做出鲁莽或过激举动，反常行为又形成对大脑中枢的恶劣刺激，气血上冲，还会导致脑溢血。

伤神。生气时由于心情不能平静，难以入睡，致使精神恍惚，无精打采。

伤肤。生气时由于血液大量涌向头部，因此血液中的氧气会减少，毒素增多。而毒素会刺激毛囊，引起毛囊周围程度不等的炎症，从而出现色斑、颜面憔悴、双眼浮肿、皱纹多生。

伤内分泌。生闷气可致甲状腺功能亢进。

伤心。气愤时心跳加快，会出现心慌、胸闷的异常表现，甚至诱发心绞痛或心肌梗死。

伤肺。生气时人的呼吸急促，可致气逆、肺胀、气喘咳嗽，危害肺的健康。

伤肝。生气时，人体会分泌一种叫“儿茶酚胺”的物质，作用于中枢神经系统，使血糖升高，脂肪酸分解加强，血液和肝细胞内的毒素相应增加，可致肝气不畅、肝胆不和、肝部疼痛。

伤肾。经常生气的人，可使肾气不畅，易致闭尿或尿失禁。

伤害子宫、乳腺。男人生气伤肝，女人生气伤乳腺和子宫。

第二章
和谐的人际关系

包容的心　创建愉悦生活环境

人不是独立存在的个体，我们的生活、行为及感受随时都会受其他人的影响，人际关系的良好与否，对人的心理健康有着很大的影响。因此，我们有必要了解处理婆媳、姑嫂、妯娌等家庭成员关系、邻里关系的技巧，以包容的心去获得一切和你接近的人的尊重与好感，使家庭成员相亲相爱，使邻里团结、和睦友善。

一、怎样克服影响好人缘的不良心理?

人际关系是指社会人群中因交往而构成的相互依存和相互联系的社会关系,这便是人缘。人生活在社会之中,就会与他人交往,就会涉及人际关系。没有人能够生活在真空之中,没有人能够独立克服所有的问题。一个人是否拥有好人缘,直接影响到生活与心理健康。若是人缘不好,便无法得到快乐,也无法得到别人有益的帮助。有些人在社会交往中不敢交往、不愿交往、不会交往,存在自卑、嫉妒、自私、自傲、猜疑、逆反、冷漠、敌意等不良心理,影响了好人缘的建立。

1. 影响好人缘的几种不良心理

(1)自卑心理。自卑的人往往会低估自己的能力,浅层感受是别人看不起自己,而深层的理解是自己看不起自己,即缺乏自信,总认为自己不行,缺乏交往的勇气和信心。

(2)嫉妒心理。嫉妒是一种负面情绪。嫉妒是对与自己有联系的、强过自己的人的一种不服、不悦、失落、仇视,甚至带有某种破坏性的危险情感,是通过把自己与他人进行对比而产生的一种消极心态。"嫉妒者总是用望远镜观察一切,在望远镜中,小物体变大,矮个子变成巨人,疑点变成事实。"嫉妒心强,直接影响人的情绪,甚至影响人的健康。

(3)自私心理。自私是一种较为普遍的病态心理。以自我为中心,只顾自己,不顾他人,只讲索取,不讲奉献,损人利己。这种心理对于交际危害极大。它时时处处会伤害到别人,让人远离。

(4)自傲心理。过高地估计自己,趾高气扬、目空一切、不自

量力、固执己见、轻视别人，甚至贬低别人、嘲笑别人，听不进别人的意见。这种心理对于交际危害很大，这些人也很难与别人相处。

(5)猜疑心理。猜疑心理是一种因主观推测而对他人产生不信任感的情绪体验。具有猜疑心理的人，往往先在主观上设定他人对自己不满，然后在生活中寻找证据。朋友之间最忌讳猜疑，无端怀疑别人，这不仅会损害正常的人际关系，也会影响自己的身心健康。

(6)逆反心理。逆反心理是为了维护自尊，用相反的态度与行为来对朋友的劝导做出反应的一种心理状态。对人对事多疑、偏执、冷漠，爱与人抬杠、对着干。逆反心理容易模糊是非曲直的严格界限，常使人反感和厌恶。

(7)冷漠心理。只要各种事情与己无关，就冷漠看待，毫无同情心。冷漠心理的形成还源于自私。不与他人交流思想感情，甚至错误地认为言语尖刻、态度孤傲、高视阔步就是自己的“个性”，致使别人不敢接近，从而失去一些朋友。

(8)敌意心理。这是交际中比较严重的一种心理障碍。这种人总是以仇视的目光对待别人，认为别人总在寻机暗算他，从而逃避与人交往，甚至表现为攻击心理行为，使周围的人不愿与之往来。

(9)干涉心理。人人都需要一个不受侵犯的生活空间。有的人在相处中喜欢询问、打听、传播他人的私事，因刺探到别人的隐私而沾沾自喜，以此满足低层次的心理需求，从而引起别人的厌恶情绪，影响彼此关系。

2.克服影响好人缘的不良心理的办法

日常生活中出现一些人际关系上的不适应是难免的。然而，

人际关系经常失调的人，往往有可能存在个性缺陷或心理障碍。只有克服自己的人际交往心理偏差，才能建立好人缘，拥有愉快心情。那么怎样才能有个好人缘呢？

（1）要有自知之明。一个人认识自己不容易，知人难，知己更难。但每个人又必须正确认识自己，否则就无法很好地处理自己与他人的关系，就不利于身心健康。要克服自卑心理，丢掉虚荣心，正确认识、分析和评价自己。善用自己拥有的长处去改正自己的不足，学会扬长避短。

（2）善于主动交往。成功交际当中，最重要的原则就是主动。在生活中必须树立积极主动的心态，有意识地去和别人交往。人际关系是否和谐，自己能否为他人所接受，也直接影响到自己的心理健康。主动的心态既成全了别人，也成全了自己。当因为某种担心而不敢主动交往时，最好去实践一下。通过不断地尝试积累经验，增强心理承受能力，增强自信心，使你的人际关系越来越好。要摒弃“自我保护”“自我封闭”的心态，积极参与社会交往活动，学会与不同性格的人打交道，用真诚的态度与之交流。

（3）要宽以待人。朋友间不可能没有矛盾和争吵，宽容是消除人与人之间摩擦的润滑剂。当与朋友交往遇到挫折时，有可能会产生焦虑、苦恼、痛苦等消极的情绪。这时，除了要冷静外，还需要以包容的心态来暗示自己，同时要站在对方的立场来体谅和解读，凡事退一步和停顿几秒钟，再发话或行动，就不至于因为控制不了自己的情绪而事后后悔了。学会克制，与人相处，难免发生人际冲突，克制往往会起到“化干戈为玉帛”的效果。

（4）合理宣泄情绪。人在心情抑郁时，思维容易变得狭隘，走进死胡同。宣泄是人的一种正常的心理和生理需要。悲伤忧郁时，情绪是需要发泄的，否则“情郁于中”，很容易引发心理问题。

所以当有了不愉快的情绪时，不要将其积压在心里，而应通过合理、恰当的方式发泄出来。当你心情不舒畅时，做一些平时很感兴趣的事，通过注意力的转移，暂时忘却烦恼，淡化不良情绪。

(5)学会交际沟通技能。要学习沟通策略，最重要的是学会耐心地倾听，在倾听时要避免打断对方说话，等到对方停止发言时，再发表自己的意见；在沟通中不要马上指出对方的错误，即使对方是错误的。表达不同意见时，用“很赞同……同时……”的模式；应善于运用礼貌语言；面对面沟通时妥善运用文字、声音及肢体语言等沟通三大要素，应善于观察对方的眼睛，让沟通时心情更畅快。当沟通不良时，以下问句可能会帮助你快速调整沟通的方式：现在愿不愿意做一些事来让沟通的状况变得更好？我需要改变看事情的角度吗？发生这些事情有什么好处？如此等等，以达到良好沟通的目的。

(6)学会理解信任。要以信任、理解、尊重的态度与人交往。人际交往中相互理解非常重要，彼此能够理解对方的意图、情感、观点、立场，交往才能不断继续下去，人际关系才能变得融洽而深入。信任就是要相信他人的真诚，而不是口是心非。从积极的角度去理解他人的动机和言行，而不是胡乱猜疑，相互设防。学会关心别人，“爱人者人恒爱之”。你如果能主动伸出善意的手，可能就会被无数友情的手握住。

二、怎样用包容的心经营好人缘？

媛媛特别羡慕村里的妇代会主任崔姐，她人缘好，走在路上都有很多人跟她打招呼，有什么需要帮忙的，有什么活动要搞，她一呼大家就响应，生活过得顺风顺水。好人缘其实很简单，只要

用你的包容心去经营。

1. 懂得包容

包容是一种良好的心理品质,是一种宽阔的胸怀。包容人、包容事,忍下的是一时之气,得到的却是长久的安然、宁静、和谐与友好。包容心,是人际关系的处理器与中转站,善莫大焉。人与人频繁接触,难免会出现磕磕碰碰的现象。包容地对待他人,就会使你赢得一个和谐的人际环境。“有容,德乃大”,即告诉我们:包容是一种品德,一种修养。不但在要好的朋友间要相互包容,就是对关系一般甚至对自己有意见的人,也要学会宽容。人与人相处是有弹性的。一个人的待人之“弦”绷得过紧,容易射出损害人际关系的意外之箭,有时甚至会使你追悔莫及。

2. 尊重他人

尊重别人,是一种教养。俗话说种瓜得瓜,种豆得豆。把这条朴素哲理运用到社会交往中,可以说,你处处尊重别人,得到的回报就是别人处处尊重你,尊重别人其实就是尊重你自己。

3. 帮助他人

人是需要关怀和帮助的,尤其要十分珍惜在困境中得到的关怀和帮助,并把它看成是“雪中送炭”,视帮助者为真正的朋友、最好的朋友。帮助别人不一定是物质上的帮助,举手之劳或关怀的话语,就能让别人产生久久的激动。如果你能做到帮助曾经伤害过自己的人,不但能显示出你的博大胸怀,而且还有助于“化敌为友”,为自己营造一个更为宽松的人际环境。

4. 懂得感恩

感恩,是一种处世哲学,是一种满足的喜乐。生活中,人与人

的关系最是微妙不过，对于别人的好意或帮助，如果你感受不到，或者冷漠处之，就有可能生出种种怨恨来。常存一份感激之心，就会使人际关系更加和谐。常怀感恩之心，人生就会赢得更多成功。

妇代会主任崔姐在村里很有人缘，有人问她原因时，崔姐讲："古人说，'滴水之恩当以涌泉相报'，我虽做不到这一点，但我时时处处想着别人，感激别人。"

5.有同理心

这是指能正确了解他人的感受和情绪，进而做到相互理解、关怀和情感上的融洽。以心换心、换位思考是对其简洁的概括。俗语说："两人一般心，有钱堪买金；一人一般心，无钱堪买针。"人与人之间，如果有同理心，能主动寻找共鸣点，就能够增进友谊，结成朋友，发生"同频共振"。

6.赞美他人

赞美之所以得其殊遇，一在于其"美"字，表明被赞美者有卓然不凡的地方；二在于其"赞"字，表明赞美者友好、热情的待人态度。赞美是友谊的源泉。赞美他人会使别人愉快，更会使自己身心健康。在人际交往中如果人人都乐于赞赏他人，善于夸奖他人的长处，那么，人际交往中每个人的心情都会很愉快。

7.学会道歉

有时候，一不小心，可能会碰碎别人心爱的花瓶；自己欠考虑，可能会误解别人的好意；自己一句无意的话，可能会大大伤害别人的心……如果你不小心伤害了别人，就应真诚地道歉。这样不仅可以弥补过失、化解矛盾，而且还能促进双方心理上的沟通，缓解彼此的关系。切不可把道歉当成耻辱，那样将有可能使你失去一位朋友。解放战争时期，彭德怀元帅有一次错怪了洪学智将军，后来彭德怀拿了一个梨，笑着对洪学智说："来，吃梨吧！我赔梨(礼)了。"说完两人一起哈哈大笑起来。

社会关系支持度测试

指导语：下面的问题用于反映您在社会中所获得的支持，测试你的社会支持水平。请按各个问题的具体要求，根据您的实际情况来回答。

1. 您有多少关系密切，可以得到支持和帮助的朋友？(只选一项)

(1)一个也没有。　　(2)1—2个。

(3)3—5个。　　(4)6个或6个以上。

2. 近一年来您：(只选一项)

(1)远离家人，且独居一室。

(2)住处经常变动，多数时间和陌生人住在一起。

(3)和同学、同事或朋友住在一起。

(4)和家人住在一起。

3. 您与邻居：(只选一项)

(1)相互之间从不关心，只是点头之交。

(2)遇到困难可能稍微关心。

(3)有些邻居很关心您。

(4)大多数邻居都很关心您。

4. 您与同事:(只选一项)

(1)相互之间从不关心,只是点头之交。

(2)遇到困难可能稍微关心。

(3)有些同事很关心您。

(4)大多数同事都很关心您。

5. 从家庭成员处得到的支持和照顾:(在合适的框内画"√")

□无　　□极少　　□一般　　□全力支持

A. 夫妻(恋人);B. 父母;C. 儿女;D. 兄弟妹妹;E. 其他成员(如嫂子)

6. 过去,在您遇到急难情况时,曾经得到的经济支持和解决实际问题的帮助的来源有:

(1)无任何来源。

(2)下列来源:(可选多项)

A. 配偶;B. 其他家人;C. 朋友;D. 亲戚;E. 同事;F. 工作单位;G. 党团工会等官方或半官方组织;H. 宗教、社会团体等非官方组织;I. 其他(请列出)

7. 过去,在您遇到急难情况时,曾经得到的安慰和关心的来源有:

(1)无任何来源。

(2)下列来源。(可选多项)

A. 配偶;B. 其他家人;C. 朋友;D. 亲戚;E. 同事;F. 工作单位;G. 党团工会等官方或半官方组织;H. 宗教、社会团体等非官方组织;I. 其他(请列出)

8. 您遇到烦恼时的倾诉方式:(只选一项)

(1)从不向任何人诉述。

(2)只向关系极为密切的1—2个人诉述。

(3)如果朋友主动询问您会说出来。

(4)主动叙述自己的烦恼,以获得支持和理解。

9.您遇到烦恼时的求助方式:(只选一项)

(1)只靠自己,不接受别人帮助。

(2)很少请求别人帮助。

(3)有时请求别人帮助。

(4)有困难时经常向家人、亲友、组织求援。

10.对于团体(如党团组织、宗教组织、工会、学生会等)组织活动,您:(只选一项)

(1)从不参加。

(2)偶尔参加。

(3)经常参加。

(4)主动参加并积极活动。

通过该量表可以了解个体的社会支持水平,能更好地帮助人们适应社会和环境,提高个体的身心健康水平。

计分方法

第1—4,8—10条:每条只选一项,选择1、2、3、4项分别计1、2、3、4分。

第5条分A,B,C,D,E五项计总分,每项从无到全力支持分别计1—4分。即无记1分,极少记2分,一般记3分,全力支持记4分。

第6、7条如回答“无任何来源”则计0分,回答“下列来源”者,有几个来源就计几分。

分析方法

总分:即10个条目计分之和。

客观支持分:2、6、7条评分之和。

主观支持分:1、3、4、5 条评分之和。

对支持的利用度:第 8、9、10 条。

本测验适用于 14 岁以上各类人群的健康测量。共 10 个条目,每个条目从无到全力支持由低到高分为 4 个等级。总分 40 分。

正常情况:总分≥20 分

判断标准:分数越高,社会支持度越高,一般认为总分小于 20 分,为获得社会支持较少,20—30 分为具有一般社会支持度,30—40 分为具有满意的社会支持度。

资料来源:肖水源《社会支持评定量表(SSRS)》,首都师范大学学报(社会科学版)2000 年第 1 期。

三、怎样处理好婆媳关系?

20 年前,金凤嫁给了黄家老三。刚过门的媳妇,最难处理的就是婆媳关系。金凤怀了第一个孩子,因为妊娠反应强烈,完全吃不下,睡不着,勉强吃点东西,也是上吐下泻的,十分痛苦。婆婆看在眼里,急在心里,想着法儿做可口饭菜给她。公婆不仅对金凤如此,对每个孩子都绝对一视同仁,兄弟吵架闹矛盾了,不偏袒任何人。83 岁的婆婆中风偏瘫三年了,妯娌三人精心侍奉婆婆,争着照顾、伺候,帮她翻身、擦身、喂药、收拾大小便。老人身体清瘦,精神非常好,婆媳四人在一块儿非常亲密,不知情的人都会以为她们是亲母女。

俗话说:"婆媳亲,全家和。"这话有双重含义。其一是说婆媳关系融洽与否直接影响着整个家庭的其他人际关系。其二是指婆媳关系是家庭内部人际关系中最微妙、最难处的一种关系。

众所周知，家庭关系是一种以两性结合和血缘联系为纽带的特定形式的社会关系。两性结合产生夫妻关系，血缘关系产生子女关系、同胞关系，这些家庭关系有着一种天然的“内聚力”。婆媳关系却不同，它是一种特殊的家庭关系，它既不是婚姻关系，也无血缘联系。因而婆媳关系之间的“内聚力”比较薄弱，非血缘关系缺少包容，再加代际价值观差异，女性的敏感天性增加了冲突概率。在家庭中，两代人之间的矛盾和冲突最明显和最难调和的就是婆媳矛盾。

如何对待孩子，也是婆媳关系难处理的一个方面。虽然婆媳都是疼爱孩子的，但是两代人在养育、教育孩子的观念方法上很可能产生分歧，成为矛盾的来源之一。

因此，要搞好婆媳关系需要双方共同努力。具体包括：

1.相互接纳

在现实生活中，婆媳关系处理不好的家庭确实较为常见，于是在一些女性的头脑中产生了婆媳关系难处好的观念，这种观念预先动摇了婆媳双方的相互接纳，有意或无意地使婆媳双方处于戒备状态。作为婆婆应为儿子的婚姻而高兴，做好相应的心理准备，相信一定能与媳妇融洽相处。作为媳妇也要做好婚后的心理准备，认识到婆婆是你心爱的人的母亲，搞好婆媳关系，也是夫妻爱情深化的必要条件。

2.相互沟通

矛盾大都因差异产生，而婆媳之间的差异主要在于代际价值观、生活方式和观念上的不同。而要使这些差异不会持久成为婆媳关系矛盾的起因，双方就需要建立良好的沟通模式，婆媳之间

就一些共同关注的话题多进行沟通。处理问题讲究方式，如果采用错误的方式沟通，就很容易使婆媳感情不和。有分歧时回避矛盾，相互谅解，礼让为先。

3.相互理解

尊敬婆婆是媳妇的美德，婆婆为养育子女辛劳一辈子，媳妇应真诚感激和孝敬婆婆，家里有事要与婆婆多商量，尊重婆婆的意见。媳妇要多照顾婆婆，多关心婆婆，多陪婆婆唠嗑，并注意夫妻关系亲密有度，使婆婆感到媳妇心中有自己，自己并不是家庭"团体"外的人。同样，婆婆也要像对待女儿那样对待媳妇，指点媳妇要平心静气，耐心引导，不要在小事上苛求媳妇，要体贴媳妇，使媳妇感到婆婆如亲娘。

4.经济原则化

家庭经济尽量提前原则化，以预防纠纷的发生。持家之道是每个家庭的必修课，而经济开支是其中重要的一项，婆媳难免会在这个问题上产生分歧和矛盾。

婆媳之间发生矛盾时，尤其需要身为丈夫和儿子的男性发挥"双面胶"作用，从中周旋。婆媳关系本来就是亲子关系与夫妻关系各自延伸而形成的一种新的家庭人际关系，男性在婆媳关系中扮演着"中介"角色，应减少、缓和矛盾，使婆媳和谐相处。

四、怎样处理好妯娌关系？

吕丽家为了房屋地基与她丈夫的哥哥家发生了很大的矛盾与冲突，妯娌关系也因此变得特别僵，两家人见面都不打招呼，两家门对门，抬头不见，低头见。吕丽想改善这种尴尬关系，又不知道从何做起。

从“妯娌”这两个字的结构，我们就能领略汉字的妙不可言——同是女字旁，右边框架的组成部分也相似，但彼此又是对着干的，一个朝上，一个朝下。朝上的“妯”，身段稳重，神态像是鼻孔冲天，得理不饶人；朝下的“娌”则显得小而娇气，恃宠而骄。难怪有人说，妯娌关系是农村里最难相处的一种关系，比婆媳相处还难。

1. 妯娌关系难处的原因

其一，妯娌关系特殊。妯娌之间本来素不相识，因为姻亲关系走到一个家庭。由于原来的环境、教育不同，性格也各异，所以很容易产生误会。妯娌从不同的家庭走进了一个家庭，没有血缘关系，缺乏感情基础，不像兄弟姐妹那样知根知底、相互了解，所以容易互抱戒心，产生猜疑。所谓“亲兄弟，仇妯娌”。加之她们主持家务多，互相接触多，锅碗在一起难免相磕碰、产生摩擦冲突。

其二，人际交往间的功利性原则。心理学家霍曼斯认为，人与人之间的交往，本质上是一个社会交换的过程。这种交换不仅涉及物质品的交换，同时还包括非物质品，如情感、信息、服务。妯娌关系之所以难处理，也正是因为存在这样一种功利性交往原则：妯娌之间既存在直接的物质交换，又通常跟婆家存在利益上的得失，有的妯娌唯恐自己吃亏受气，处处事事都想占上风，一点都不肯让步。

妯娌关系在家庭关系中起着举足轻重的作用，上有公婆，中有小叔小姑，下有侄儿侄女，人际关系繁多，需巧妙调适。妯娌之间的矛盾，必然会反映到兄弟关系和家庭关系中来，乃至影响家

庭团结。

2.处理妯娌关系的办法

要想改变妯娌之间的紧张状态，必须注意如下三点：

(1)要互尊互重。妯娌间和睦相处的重要前提是互相尊重。人都是有自尊心的，妯娌之间的自尊心则更强。“人之相知，贵在知心”，真诚的心能使交往双方关系融洽，如果都想讨便宜占上风，那就会出现针尖对麦芒的局面，必然会把关系搞僵。妯娌之间要互相信任，宽容互谅，切不可胡乱猜疑，无事生非，人为地制造各种不必要的烦恼。妯娌之间在困难面前要互相关心、互相帮助，在利益面前互相谦让，像姐妹一样相亲相爱、互相尊敬。

(2)注意沟通方式。熟悉这一因素对人际吸引的影响是很大的。随着熟悉程度的加深，大家对不喜欢的事物会变得越来越喜欢。在沟通方面也可采取由具有(兄弟)丈夫血缘关系的亲属先行沟通的方法，这样有助于缓和矛盾，大事化小，小事化了。妯娌之间，贵在谦让。随着相处时间的增多，彼此的防备就会慢慢降低，亲密感也就越来越高了。

(3)孝敬老人、关爱侄子女。赡养老人是每个儿女义不容辞的责任，要尽心尽力共同赡养老人。大家都待公婆好，妯娌就会融洽。还有孩子间闹了别扭，不可护自己孩子的短，更不应当不分青红皂白为自己的孩子出气。要是大人出面干涉，孩子间的矛盾就自然会转到妯娌之间来。在人际交往中，很多时候让孩子充当交往的媒介，可以起到很好的作用。为了避免尴尬或者想化解矛盾，从关心对方的子女开始，不失为一个好方法。

五、怎样处理好姑嫂关系？

沈谦刚过门不久，有一次，沈谦将庭院打扫得干干净净，小姑却吃瓜子吐得满地都是，沈谦说了小姑几声，小姑很不愉快，双方争着争着差点吵起来。小姑长期受宠，比较任性，平时婆婆哥哥都容忍她、迁就她，沈谦认为婆婆"偏心眼"，待小姑好，把媳妇当外人。

沈谦所面临的是怎样与小姑等家庭成员建立和谐关系的问题。

1.人际关系的建立与发展阶段

在心理学中，通常将人际关系的建立与发展划分为四个阶段。

(1)定向阶段。这一阶段涉及交往对象的选择，包含着对交往对象的注意、选择和初步沟通等多方面的心理沟通。新嫂子初来婆家，小姑小叔自然会对你多加注意，千万别介意。

(2)情感探索阶段。情感探索指的是双方探索彼此哪些方面可以建立信任关系和真实的情感联系，随着双方共同情感领域的发现，双方沟通也越来越广泛，自我暴露的深度与广度也逐渐增加。在这一阶段，新嫂子一定要做到以诚相待，只有真诚的自我表露才能增进跟小姑之间的情感深度。

(3)感情交流阶段。人际关系发展到情感交流阶段，双方关系的性质开始出现实质性变化。双方在日常生活领域中涉及的人际关系安全感和信任感已经得到建立，因而沟通和交往的内容也开始广泛涉及自我的许多方面，并有较深的情感卷入。新嫂子

如果已经和小姑到了这个阶段，进一步真诚地赞赏和批评能够使双方的交往关系加深。

(4)稳定交往阶段。在这一阶段，人们心理上的相容性会进一步提升，沟通和自我表露广泛而深刻。此时，人们已经可以允许对方进入自己高度私密性的个人领域，分享自己的生活空间和财产。嫂子跟小姑小叔的关系一般很难到达这一阶段，当然也不排除成为密友的可能性。

2.如何建立良好的姑嫂关系

姑嫂关系如何，对婆媳关系、夫妻关系有着很重要的影响。作为嫂子要和新的家庭成员建立和谐的关系，需要注意做好以下几方面：

(1)以身作则做事。家中的生产劳动、家务劳动主动多承担，用欣赏的眼光看待小姑的长处，不处处计较，尊敬公婆，处处给小姑做出榜样。这样的嫂子自然能赢得小姑小叔的尊敬和爱戴。另外，弟弟妹妹们一般都敬爱自己的哥哥，都期待能有个好嫂子，如果嫂嫂的行为符合了他们的期望，那么就比较容易接纳嫂子。

(2)真心实意待人。姑嫂之间都存在一种"自外"和"视外"的心理。作为刚进入家庭的一员，要想得到家庭的信任，必须自己不"自外"。媳妇进门，如果从心眼里把婆婆看成是亲娘，把小姑看成是亲妹妹，那就不会产生妒忌心理，而且会主动地关心和照顾。如果新嫂子有一种不正常的"逆反心理"，你疼她，我偏难她，就会造成矛盾。电影《喜盈门》里，本来是小姑的对象给小姑买的裤料，大儿媳强英却疑心是婆婆偏女儿，于是，和婆婆斗起了心眼，故意和小姑过不去，结果闹得一家子鸡飞狗跳。其实只要能够真诚地对待他人，美满和谐的家庭关系也就能很快地建立起来。

(3)多理解与包容。姑嫂间出现矛盾,多数是因为鸡毛蒜皮的小事,往往是零零碎碎的琐事之战。“怨人之意不可有,容人之心不可无”,一个家庭中的成员朝夕相处,难免会发生矛盾。发生了矛盾后,只要能够尊敬彼此,待之以礼,宽容大度,有包容的心怀,遇事不计较,互相谦让,大事就能化小,小事就化无了。若一方不计较自己的得失,在对方需要的时候主动真诚地提供帮助,对方看到诚意也会以诚意回报,双方都做出让步,有利于关系改善。

姑嫂关系并非很难处理,只要相互尊重、相互理解、相互宽容就能使姑嫂之间“不是姐妹,胜似姐妹”。

六、如何调整女儿出嫁后母亲的心态?

璐娣的女儿结婚出嫁了,按理说是件开心的喜事,对于璐娣来说却有着五味杂陈的感受,辛辛苦苦几十年养一个孩子,终于出嫁了,心里空空荡荡的。虽说只是嫁人了,但心中感觉很失落,总是牵肠挂肚不放心,因此三天两头想去看女儿,还经常让女儿回家,一回来就不愿意让女儿回婆家,丈夫和女儿都很不满意她的做法。璐娣所面临的问题是分离焦虑,对母女分离的不适应,即由于女儿的出嫁,短期内无法适应母女分离。产生的原因主要有两个方面:

其一,角色转换引发失落感。对于璐娣而言,长期以一个照顾女儿的母亲的角色自居,并由此产生了自我价值感。而如今,面对女儿的出嫁,生活中一下子失去了母亲这个角色能带给她的自我价值感和满足感,这种情感上的缺失,让她很失落。

其二,母女分离产生焦虑。由于女儿从小便与自己生活直至长大,已经对女儿形成了深深的依恋。所以面对母女的分离,就极易产生分离焦虑情绪,转而演变成对女儿处境的过度担忧和对自己处境的不满足。为了克服焦虑感和孤独感,璐娣不停地接近甚至纠缠女儿,这样一方面能减轻分离所导致的焦虑感,一方面又能解除女儿不在身边而产生的孤独感。

如何才能尽快适应母女的分离呢?女儿即将结婚时,要给予父母一些贴心的安慰。女儿出嫁之后,如果条件允许,常回家看望母亲或者通过电话等其他方式与母亲保持联系,表达出积极的情感支持。并把在婆家的生活情况告知母亲,让母亲放心,以减轻母亲的思念和分离焦虑。其他家庭成员,尤其是父亲要给予母亲更多的关心,随着时间的推移,分离焦虑会减轻并消失。

七、怎样处理好与女婿的关系?

玲玲的孩子三个月大时,叫妈妈住到她家来照看孩子。玲玲的妈妈是个唠唠叨叨、喜欢管事管人的人,老觉得女儿在家里干活多、受委屈,觉得女婿对她女儿不够好。玲玲的老公,个性也比较强,每次听到岳母唠叨心就烦,弄得大家都很尴尬。玲玲的妈妈也不想再住下去,但玲玲希望妈妈能在她家住。玲玲的妈妈因没有处理好跟女婿之间的关系,进入了两难境地,到底该怎么办?

丈母娘与女婿相处,一般有以下两种心理:

1.自然亲近心理

常言道,“一个女婿半个儿”“丈母娘看女婿,越看越欢喜”。爱女儿,自然也就爱女婿,因为女婿关系着女儿终生的幸福。如果女儿女婿之间产生了一点摩擦，丈母娘也往往是连嗔带怪地数落女儿一番，劝女儿消消气，主动去和女婿和解，很少加罪于女婿。

2. 防备心理

丈母娘把女婿看作是外人，常常抱着不信任、猜疑的态度，总怕自己的女儿受委屈，总是想女婿是不是错待了女儿。她们把女儿看得比女婿高一头，总觉得女儿嫁给他是便宜了他，他就应该善待女儿，不然便是没良心。岳母经常用挑剔的目光审视着夫妻的关系，一旦夫妻之间发生了点矛盾，首先就想到女儿是不是吃了亏，总是气急败坏地找女婿算账，甚至还有个别岳母携同儿子大打出手，结果闹得两败俱伤、夫妻反目，威胁到小家庭的稳定。

母亲都非常爱自己的女儿，但是方式不同，有些能够真正给女儿带来幸福，而有些则极易导致小家庭的破裂。

其实，岳母与女婿的关系在家庭人际关系中相对比较好处理。在我国的传统观念里，女儿都是“嫁出去”的，将来都要依靠女婿和女婿家，所以在岳父岳母眼中，对女婿好也就是为自己的女儿着想。

要处理好岳母与女婿的关系：一是要摆正双方位置，岳母与女婿关系是一种没有血缘联系的特殊关系，双方要扮演好自己的角色，岳母既要严格要求女婿，又要注意尊重女婿的想法，不可大包大揽，造成女婿不满。碰到女儿女婿发生矛盾吵架时，不可偏袒自己的女儿，尽量公正中立。二是作为女婿要把岳母当成自己的母亲，充分尊重岳母的建议，多为岳母着想，表达想法时也要委婉，说话把握分寸，避免发生不必要的冲突。三是作为女儿，发生矛盾时，夫妻之间多沟通，两人齐心合力。没有处理不好的岳母

与女婿的关系，妻子（女儿）要做丈夫和母亲之间的润滑剂，这样生活才会幸福。

八、怎样尽心孝敬父母？

78 岁的老母亲手持柴刀，分 3 天将亲生儿子种植的 12 棵碗口粗的香榧树给砍了，价值高达 2.3 万元。

究竟何因让一位年近八旬的老人持柴刀砍香榧树？这背后是纠缠多年的赡养问题。钱大娘与瘫痪在床的老伴戴老伯单独居住。老人膝下有三子二女，2004 年 10 月因赡养问题，两位老人与三个儿子在村干部协调下签订了一份“负担协议”，约定了三个儿子每月的赡养清单。后来大儿子和二儿子未能履行应尽义务。2014 年 11 月，钱大娘将老大和老二戴某告上法庭，经法院执行，两个儿子给付了赡养费用。但二儿子戴某与母亲存在的 2000 多元医疗费用的给付纠纷，一直没有解决。某一天钱大娘一气之下砍了戴某种植的 5 棵香榧树。戴某后来向法院起诉老母亲，要求得到毁损香榧的民事赔偿，钱大娘认为戴某是存心让她去坐牢，一怒之下，又用柴刀分 3 天时间砍毁了戴某种植的 12 棵香榧树。

双方矛盾到了不可调和的地步，或许子女自身条件有限，赡养有困难，或是“不患寡而患不均”，但无论何种原因，都不应成为对父母不闻不问的理由。羊知跪乳，鸦懂反哺，何况人乎？

孝敬父母是中华民族的传统美德，更是做人的基本道理。而孝敬父母恰恰是现代人最缺乏的一门功课，也使现代人遭遇了不少的困惑和迷茫，现实生活中，孝敬父母为什么总是那么难？

在农村很多人这样认为，逢年过节买好东西，就是孝顺父母。其实，物质上给父母的享用，是低层面的“孝”，而高层面的“孝”，应该表现为对父母精神上的敬重和感情上的安慰。“色难”难在何处？难在很难有一颗恭敬的心，难在没有一个谦和的态度。孝敬父母的方式很多，我们该怎样孝顺父母呢？

1.要敬重父母

孝敬父母，就是子女对父母的尊敬、侍奉和赡养。要倾听老人的心声，听得懂父母的真正想法，理解、关心父母。要尊重老人的生活习惯与兴趣爱好，为老人创造良好的生活环境。要关注父母的心理健康和喜怒哀乐，理解老人的情感需要，经常抽出时间来陪一陪老人，多沟通交流，从精神上给予父母较多的安慰，让老人开开心心。孝敬父母更需情感交流，与他们聊些日常生活中的事情，远胜过给钱给物。抽出时间多陪陪父母，是孝敬父母最好的方式。

2.要用心待父母

父母为家庭、子女付出了很多，理应受到子女的孝敬。孝敬父母不能停留在口头上，要落实到具体的行为中，作为子女，最重要的是关心父母的生活，要从日常生活中的一件件小事做起，起居、衣食都要悉心安排好，使他们安安稳稳地过晚年。父母生病，应及时诊治，精心照料。如果父母有困难，子女应当全力为父母分忧。孝敬孝敬，做到一个敬字。孝顺孝顺，做到一个顺字。虽“亲有过，谏使更”，但也要“怡吾色，柔吾声”。

3.要给孩子做榜样

父母本人要做孝敬长辈的楷模，要从小事入手训练培养孩子孝敬父母的行为习惯。孩子对待父母的态度，直接受父母对待长辈态度的影响。教孩子懂得对老人问寒问暖，把老人挂心上。有

一个故事是值得借鉴的。从前有一对中年夫妇对年迈的父母很不孝顺，他们把老人撵到一间破旧的小屋里居住，每顿饭用小木碗送一些不好吃的东西给老人。一天，他们看到自己的儿子在雕刻一块木头，就问孩子刻的是什么，孩子说："刻木碗，等你们年纪大时好用。"这时，这对中年夫妇猛然醒悟，把自己的父母请回正屋同自己一起居住，扔掉了那只小木碗，拿出家里最好吃的东西给老人吃。

孝敬父母是子女应尽的道德义务、法律义务。"父母之年，不可不知"，行孝不能等待，须知世间多少人，到最后陷于"子欲养而亲不待"的懊悔中。我们要继承和弘扬孝亲敬长的优良传统，敬重和爱戴父母，让父母感到快乐、幸福。

九、怎样尽力关爱留守老人？

高山村，四周竹林环绕，风景美丽。村里住的大都是留守老人，刘大妈就是其中一位，她今年 86 岁，六个儿女全都在城里打工，儿女们托邻居小安照顾着刘大妈。一年之中绝大部分时间刘大妈独自住家里。早上起来，刘大妈用电饭锅煮点稀饭，随便弄点小菜拌着，就算是一餐，为了省事，有时就把一天的饭一次做好，到下一顿热一热接着吃。刘大妈有一次滑倒摔到了尾椎、腰椎，摔得挺重的，当时就不能动了。万幸的是，摔倒那天正好邻居小安在家，及时打电话通知了她的儿女们。

近年，随着年轻人外出务工或搬离农村，越来越多的村庄成为"空心村"，留下了一个个孤独守望着家园的身影，这个特殊而庞大的群体被人们称为"留守老人"。老人们在默默操劳的同时，内心还承受着对子女的思念以及孤独寂寞的煎熬。

1. 留守老人所面临的问题

(1)缺乏精神慰藉。孤单寂寞是农村留守老人面对的最大精神问题。大多数农村留守老人过着“出门一把锁,进门一盏灯”的寂寥生活,很容易感到孤独。随着年龄的增大,留守老人的行动越来越不方便,他们与外界的接触也就相应地越来越少,转而对子女的情感依赖却不断加强。而外出务工的子女相当一部分是年初而出,年终而归,他们与留守老人相处的时间一般一年只有一个月左右。子女外出后,老人孤独感增强。同时,由于子女外出导致的长期的代际分离使两代人观念差距拉大,大多数外出子女很少与父母沟通,打电话时更多的话题是留守儿童。彼此间的感情纽带变得松弛,由此可能会带来子女孝道的弱化,直接影响老人的家庭地位和养老质量。

(2)隔代教育问题造成老人心理负担重。如果单从照顾孙辈的生活起居方面而言,只是增加了老人的生活压力,增加了劳动强度。但在小孩教育方面,老人的心理负担却很重,主要因为农村老年人大多数识字不多,无法辅导孩子的学习,担心孩子学习成绩变差。其次,目前农村交通、通信状况得到迅速改善,电视、网吧到处有,孩子在外的时间长,老人担心会发生一些意想不到的事情。因此,老年人总觉得管理小孩力不从心。

(3)遭受各种急慢性病痛的折磨。随着年龄的增加,老年人的身体素质不断下降,各种突发状况是无可避免的。而留守老人的外出子女普遍在年终返乡,有的甚至数年不归。留守老人在子女外出期间生病的情况时有发生,但由于往返的成本太高,除非是严重危及老人生命,否则一般情况下外出子女不会回来照料老人。如此一来,子女外出务工必然会导致留守老人生病需要照料

时子女缺位，从而出现不能及时就医、生病期间无人看护或得不到有效看护的现象。遭受各种急慢性病痛的折磨，是大多数农村留守老人所共同面对的问题。

2.如何关爱留守老人

(1)对于子女而言，要安排好老人的生活。不管在哪里，请记得你家里的留守老人，他们在等儿女们回来。有空多打打电话问候一下父母，关心一下他们的近况，这对于缓解父母的孤独感是很有效的。如果离家不是很远，争取多回家看看父母，聊聊天，不让父母孤单失落。要创造尽可能多的家庭成员情感交流的机会，以减少和防止老人产生孤独感、失落感，使老人感觉到温暖与关爱。要理解老人心里的孤独感，子女需要给予老人更多的关心和陪伴，让他们享受到天伦之乐。

(2)对于政府而言，要完善社会保障体系，使老年人在生活、医疗、保健等方面无后顾之忧。切实解决农村留守老人突发性、紧迫性、临时性等基本生活困难，提高留守老人的社会保障水平。强化尊老、爱老、养老、敬老的宣传教育，加大留守老人社会救助力度。加强对留守老人的心理疏导工作，鼓励家人、儿女对留守老人多关心、关爱，丰富老年人的精神文化生活。

(3)对于社会而言，不应只是重阳节密集的探望，而是要时刻给老人以关爱，建立完善的志愿者服务机制，切实为农村留守老人做好事、办实事、解难事，努力营造全社会关爱留守老人的良好氛围。

十、如何做到邻里间和睦相处?

十年前王阿婆在自己家门前种了一棵桂花树，枝繁叶茂、树

冠漂亮。一到秋天，飘散出阵阵桂花香。有一天，这棵桂花树却被人砍了树枝，阿婆傻了眼，心疼不已，好好的桂花树，是谁这么狠心下此毒手。经过了解，原来是邻居张大伯砍的树枝。就是因为这棵茂盛的桂花树长得太好，影响了他家的采光，所以他就提刀砍了树枝。邻里间顿时弥漫着一股硝烟味。邻居们都来劝和，张大伯向王阿婆当面道歉，在众邻里的劝说下差点大打出手的邻里握手言和。其实，很多邻里矛盾，说清了，彼此都能理解。如果王阿婆和张大伯都闷在心里不说，以后见面难免脸红，邻里关系怎么和谐？

俗话说：远亲不如近邻，近邻不如对门。邻居好，赛金宝。社会心理学研究表明，空间因素是人际吸引的重要条件。在生活中，邻里之间声息相闻，接触频繁，相处好了，互相帮助，互相照应，其乐融融，真是人世间的一大幸事；相处不好，你争我吵，互相指责、斥骂，搞得心情阴郁，影响人们正常的工作和生活。

那么，邻里之间如何才能和睦相处呢？

1. 相互帮助，和睦相处

每个家庭在日常生活中都会遇到大大小小的困难，这就需要邻里之间互相帮助，能办到的事情要尽量帮忙，别人有了困难，应该积极主动地去帮一把。陈大爷的儿子进城打工，女儿也出嫁了，只有老两口在家。一天深夜，陈大爷的哮喘病犯了，情况十分危急。年老体弱的陈大妈急得没办法，就去敲邻居的门，沈大哥、沈小弟立即披衣起床，沈大哥开上自己的小货车，沈小弟掀起自己的床垫放在车上，连夜护送病人到医院。第二天，陈大爷的儿女赶来，看到爹已得到妥善救治，安危无恙，对邻居兄弟千恩万谢。邻居哥儿俩说：“不必谢，你的父母也常给我们帮忙，我们忙

不过来时，两位老人热心帮我们照看孩子，打扫庭院。邻里街坊的，大家住着和气，就要互相帮忙呀！”

2.互相谦让，文明礼让

赵大叔是村里最受人尊敬的长辈之一。章家的鸡吃了赵大叔家菜地的菜，大叔只是说：“老二，看好你家的鸡呀！”赵大叔的孙子被小石头打了，大叔说：“小石头，我看看你的手打红了没有？”然后，让孙子和石头拉拉手：“手拉手，好朋友！以后都不打人，好吧！”孙子不哭了，小石头低头脸红了。

3.互相宽容，有话好说

对邻居要以礼相待，平易近人。村里人都说赵大叔的儿媳妇太厉害，快嘴辣舌的从不饶人。可赵大叔逢人就夸儿媳：“看，这衣服是儿媳做的，多合适！瞧，这双鞋是儿媳给买的，我第一次穿这么好的鞋！”赵大叔家被评为“文明家庭”，他的儿媳妇在大会上发言说：“我管不住自己的嘴，常跟我那口子干仗，在村里也得罪了不少人……是我公公教育了我，他老跟我说，‘宽容才能修得好人缘’，我应该向他学习！”

邻居，是我们与社会人群交往的一座桥梁。邻居间的交往丰富了我们的生活，大家也可取长补短，互通有无，相互关心、帮助，使生活更方便、安全。

十一、如何建立互帮互助的邻里关系？

邻里间互帮互助不仅是中华民族的传统美德，更是一种积极向上的心态。别人因你而温暖，你也会因别人而享受到生活的快乐。

村妇代会主任李大嫂是个热心人，她给怀孕的秀花讲生活中的注意事项；她常去看望刚生了女孩的娟子，嘱咐她丈夫和婆婆善待她；她还特别关注子女不在身边的老人，帮他们给进城打工的儿女写信，让老人爱惜身体，好好生活。

袁淑君的丈夫在外打工，父亲生病卧床生活不能自理，为了照顾家里老小，袁淑君回到了老家邻封村。邻封村是沙田柚主产区，在这里，几乎家家户户都种柚子。袁淑君家有200株沙田柚树，其中挂果沙田柚有100余株，算得上是一个大户。袁淑君虽然也想“施展拳脚”多挣钱，但清园、挖土、授粉、打药、抗旱、采摘，样样都需要劳动力。李大嫂得知这一情况后，第二天一大早，组织姐妹们有的搬抽水机，有的摆放水管，有的用锄头松土……分工合作，一鼓作气，两天时间，把袁淑君家的柚子树全部浇灌了一次。

李大嫂是个特别会说话的人，她还撮合乡亲们相互合作发展“农家乐”项目。杨家和李家曾因宅基地的矛盾不说话，经李大嫂调解，杨家有房做旅馆，李家有果园搞采摘，两家联手办农家乐，日子变得红红火火，收入大增。

“一个篱笆三个桩，一个好汉三个帮。”在生活和工作中总会碰到一些难题，如果有人给出出主意或是帮上一把手，这不仅使难题变得容易解决，而且我们可以获得心理上的援助，会觉得自己不是孤立无援的，遇到再大的难处也不用发愁。

十二、如何消除邻居间的红眼病?

吕萍和小苡本来是很要好的朋友。吕萍家种的苹果树今年是“小年”，她想买车的计划泡汤了。而小苡家种的桃子与核桃大

丰收，当小苡开着新车向吕萍炫耀时，沮丧嫉妒的吕萍竟然将半截砖头扔向小苡新车的前挡风玻璃，把小苡吓傻了。两家人为此事吵得不可开交，最后不得不对簿公堂，吕萍和小苡从此以后互不理睬。

嫉妒俗称“红眼病”，是以对别人的优势心怀不满为特征的一种不悦、自惭、怨恨、恼怒，甚至带有破坏性的负性情绪。

发生问题的原因，一方面，劳动的付出不一定达到我们的期望，所谓“天时、地利、人和”等多种因素，都可能影响工作的成果；另一方面，暂时的不如别人，并不说明本人无能和无用。嫉妒心理多是由于狭隘的思维方式所造成的，在现实生活中，后来者居上的实例比比皆是，所以，目光远大的人不会只看见自己的困境而嫉妒人。

要想克服嫉妒的心理，必须做好认知上的调整。

1. 正确认识嫉妒

认为别人比自己好是对自己的否定，对自己是一种威胁，损害自己的利益和“面子”，这只是一种主观臆想。一个人的成功不仅要靠自身的努力，更要靠大家的帮助，嫉妒只会损人损己。周瑜嫉妒诸葛亮之才，千方百计要害死诸葛亮，结果自己被活活气死，死时还仰天长叹“既生瑜，何生亮”，实在可悲。

2. 客观认识自我

当嫉妒心理萌发时，能积极主动地调整自己的意识和行为，客观地评价自己，看到自己的优点，从而控制自己的嫉妒情绪。

3. 学会“见强思齐”

一个人不可能在任何时候都比别人强，人有所长也有所短。

聪明人会扬长避短，寻找和开拓有利于充分发挥自身潜能的新领域，这样能在一定程度上补偿先前没能满足的欲望，缩小与嫉妒对象的差距，从而达到减弱乃至消除嫉妒心理的目的。嫉妒与好胜的共同之处，是不甘心自己落后，总想胜过对方，所以要客观看待别人的长处，才能化嫉妒为肯定，并不断地提高自己。

4.经常将心比心

嫉妒，往往会给嫉妒者带来许多麻烦和苦恼，只要换位思考，每个人就会收敛自己的嫉妒言行。

5.学会自我调节

做自己喜欢的事。自己的事情都忙不过来，就无暇去嫉妒别人。积极参与各种有益的活动，在活动中跟其他人分享快乐。找知心朋友、亲人痛痛快快地说个够，嫉妒的毒素就不会滋生、蔓延。

十三、如何化解朋友间的冲突?

为承接来料加工产品问题，小李最近与同村好朋友小张发生了冲突，互不往来。她想化解矛盾，该怎么办?

小李面临的问题，是如何化解人际关系中常出现的冲突和矛盾。人与人在交往沟通的过程中，发生争执是一件很正常的事情，一旦出了问题，就应该及时采取一些办法进行挽回和补救，那怎样才能缓解朋友间的冲突呢?

1.情境转移法

在将要与对方产生争执的时候，提前察觉矛盾的苗头，一旦

出现就尝试转移自己的注意力。可以有意识地做点别的事情来分散注意力，缓解情绪，可以尝试到外边走走，转移自己的怒气，平复自己的情绪，不轻易把冲突扩大化。对于一些自控能力不强的人，要加强个人修养，用理智来应对他。

2.心理换位法

学会换位思考，你的生活会更美，不要只想着自己，一味觉得自己是对的。应懂得站在他人的角度，设身处地地为他人着想，从中发现自己的不对。当你做错的时候将心比心，不害怕会丢脸，主动去向朋友认错时，你会发现一般情况下，他会觉得你是一个真诚、坦率的人，然后会原谅你。

3.冷却处理法

一旦发生了争吵，自己首先要冷静下来，主动躲避对方锋芒，尽快将火药味十足的现场冷却下来，要认真思考一下，理清思路，回想问题的根源在哪里，等事后双方都冷静了再讲道理。

4.疏泄法

疏泄即疏导、宣泄，是日常生活中保持良好心境的重要方法之一。遇到不顺心的事情及委屈，不能闷在心里，生闷气最不好，会憋出病来。要适度而合理地发泄不良情绪，如向知心朋友或亲人诉说或大哭一场，以平衡心态。

5.面谈沟通法

当矛盾产生后，最好的化解方法就是及时与对方进行真诚的面谈沟通，静下心来交流一下彼此发生冲突的问题与原因，坐下来寻找解决的办法。多聊聊对方喜欢的话题，适当学会赞美对方,有时候会有意想不到的效果。

总之,任何问题和矛盾,解决的途径和方法往往有多种,关键是要求当事人遇事要冷静思考,权衡利弊,最终找出最适合自己又最有效的方法。

交往中的实用心理效应

心理效应是社会生活当中较常见的心理现象和规律,正确地认识并利用心理效应,能帮你取得最佳沟通效果。

首因效应——第一印象至关重要

也称为第一印象作用,或先入为主效应。第一印象作用最强,持续的时间也长,比以后得到的信息对于事物整个印象产生的作用更强。首因效应是指给人留下的第一印象对日后人际交往的影响很大。因此在日常交往过程中,尤其是与别人初次交往时,一定要注意给别人留下美好的印象。在与人的交往中只要能准确地把握首因效应,定能给自己营造出良好的人际关系氛围。

近因效应——记得人际关系需要"保鲜"

近因效应指的是某人或某事的近期表现在头脑中占据优势,从而改变了对该人或该事的一贯看法。近因效应与首因效应是相对应的两种效应。首因效应一般在较陌生的情况下产生影响,而近因效应一般在较熟悉的情况下产生影响。在人际交往中,第一印象固然重要,最后的印象也是不可忽视的。在与他人进行交往时,做到有始有终,给对方留下好的第一印象和最后印象。特别是与熟悉的人交往更要谨慎,在朋友临别之际,给予美好的祝

福，即使你们曾经有过嫌隙，也会在这一刻冰释前嫌。

赞美效应——学会赞美，给人一种支持和力量

赞美效应是说，赞美他人会使别人愉快，更会使自己身心健康，被赞美者的良性回报会使自己更为自信，也会使自己更有魅力。赞美别人就是帮助自己，当对方在你的赞美声中需求得到满足时，他也会用同样的方式来肯定你的工作，于是你们之间的沟通就更易于开展，这时你会真正地从内心感觉到赞美让沟通如此轻松。

留面子效应——巧用策略，收获成功

留面子效应是指人们拒绝了一个较大的要求后，对较小要求接受的可能性增加的现象。更好地使人接受要求，提高人的接受可能性的最好办法，就是先提出一个较大的要求，这种方法被称为“留面子技术”。在人际交往中，人们都有给对方保留面子的心理倾向。当人们想让别人为他办某事情之前，他往往提出一大堆别人根本不可能做到的事情，待别人拒绝且怀有一定的歉意后，他才亮出自己真正要让对方办的事。由于前面拒绝了太多，对方往往为留些面子会尽力接受最后这项要求。善于利用“留面子技术”可以使沟通、交流事半功倍。但应切记：己所不欲，勿施于人。不要为了一己之私，轻易利用他人。

名片效应——恰到好处地介绍自己

两个人在交往时，如果首先表明自己与对方的态度和价值观相同，就会使对方感觉到你与他有更多的相似性，从而很快地缩短与你的心理距离，更愿同你接近，结成良好的人际关系。有意识、有目的地向对方表明的态度和观点如同名片一样把你介绍给对方。掌握“心理名片”的应用艺术，对于建立良好的人际关系具有很大的作用。

晕轮效应——客观透视人生，把握交往

晕轮效应又称“光环效应”“成见效应”“光晕现象”。晕轮效应指人们对他人的认知判断首先是根据个人的好恶得出的，然后再从这个判断推论出认知对象的其他品质的现象。晕轮效应的最大弊端就在于以偏概全。“晕轮效应”产生的光晕，给别人造成错觉的同时，有时也常常晃晕了自己。“旁观者清，当局者迷”，我们要善于倾听和接受他人的意见，防备晕轮效应的副作用。与人交往时，可以采用先入为主的策略，让对方了解我们的优势，以获得以肯定积极为主的评价。

定势效应——用发展的眼光去看人

定势效应是指人们局限于既有的信息或认识的现象。人们在一定的环境中工作和生活，久而久之就会形成一种固定的思维模式，使人们习惯于从固定的角度来观察、思考事物，以固定的方式来接受事物。有一个农夫丢失了一把斧头，怀疑是邻居的儿子偷盗，于是观察他走路的样子，觉得他脸上的表情、言行举止没有一点不像偷斧头的贼。后来农夫在深山里找到了丢失的斧头，他再看邻居的儿子，竟觉得言行举止中没有一点偷斧头的模样了。这则故事描述了农夫在心理定式作用下的心理活动过程。心理定式效应常常会导致偏见和成见，阻碍我们正确地认知他人。

超限效应——把握分寸，避免物极必反

超限效应是指刺激过多、过强或作用时间过久，从而引起心理极不耐烦或逆反的心理现象。马克·吐温有一次在教堂听牧师演讲。最初，他觉得牧师讲得很好，使人感动，准备捐款。过了10分钟，牧师还没有讲完，他有些不耐烦了，决定只捐一些零钱。又过了10分钟，牧师还没有讲完，于是他决定1分钱也不捐。等到牧师终于结束了冗长的演讲开始募捐时，马克·吐温由于气

愤，不仅未捐钱，还从盘子里偷了 2 元钱。

这给我们的启示是做事要把握好分寸，只有这样才能“恰到好处”，避免“欲速则不达”的超限效应。与人沟通，特别是旨在诱发别人改变态度的说服和引导，都必须避免无意义的重复，否则效果适得其反。

十四、如何处理二孩家庭的亲子关系？

每天下午四点多，王荆总会带着两岁多的女儿来到幼儿园门口，等待儿子放学。随着全面二孩政策的实施，会有越来越多的家庭步入“二孩时代”，像王荆这样的二孩妈妈将逐渐增多。养育二孩，可以使独生子女更好地学会分享、谦让，增强孩子的责任感与爱心，还能提高孩子主动交流及与他人合作的能力。二孩家庭结构变化会面临种种问题，如何妥善处理家庭亲子关系矛盾，是摆在众多“二孩家庭”面前的问题。

1.重视大孩的心理感情需求

在弗洛伊德的心理学中，孩子对兄弟姐妹的嫉妒近乎是一种本能，因为每个孩子都希望得到父母的爱，虽然这种观点有些偏激，但是作为父母，这些却是不可忽视的，要对即将当哥哥姐姐的孩子进行心理上的安抚和引导。这些孩子本已习惯了家长围着自己转，父母的关爱突然要被另一个人分去，心理会产生不平衡。老大对老二的到来出现不良情绪，甚至极其抵触。其实，这种情况很正常，没必要过分担心。同时要与周围的亲戚朋友沟通好，不要和大孩子开类似“爸妈不要你了”“爸妈不爱你了”的玩笑。

对待两个孩子要一碗水端平。有两个孩子的父母在情感分

配上有时会走两个极端，一种是对老大的关注大幅度下降，对孩子没有认同，遇到问题就说你是老大，要让着弟弟妹妹；另一种就是父母非常敏感，怕老大心理有反差，故意讨好老大。无论是缺少关注还是过度关注，都是不恰当的，要给两个孩子相同的爱。父母应通过家庭教育让孩子懂得一些传统伦理和道理，有意识地培养孩子学会分享与合作。

2.多与孩子正面沟通

父母要把打算生二胎的想法直接告诉孩子，提前引导大孩子建立家庭角色认知。家里有了第二个孩子，更要关注到大孩子的情绪情感动向，要倾听大孩子心声、换位思考问题、了解孩子的心理。对孩子因势利导，与孩子进行有效沟通，大孩子也会感受到父母对自己和以前一样的关注度。父母不要拿家里的孩子跟别人比较，自己家里的孩子更不要相互比较。即使老二做得不好，也不要随便把老大拿出来说怎么样怎么样。

十五、怎样努力创建文明家庭?

李婶的女儿放学回家，突然没头没脑地问她："佳佳家被评上了文明家庭，我们家为什么没有呢?"

李婶与丈夫、母亲、公公、婆婆和女儿老少三代六口人共同生活，李婶孝敬公公、婆婆、父母方面做的到位，即使再对婆婆有意见，也从来没有跟婆婆顶过一句嘴。女儿好学上进，是班里的三好学生。但动不动就跟她母亲急，口角相争是家常便饭。丈夫农闲喜欢打麻将，李婶抱怨丈夫，冲突在所难免。家家有本难念的经，纷纷扰扰的母女关系、争吵不断的夫妻关系困扰着李婶，不断

消减着家庭的幸福指数。

家庭人际关系，即家庭中各成员之间在共同活动中的直接交往关系。家庭关系是一种特殊的人际关系。和谐的人际关系不仅能带来精神上的快乐，而且能创造物质财富，带来家庭的幸福。那么李婶应当如何经营和谐的家庭人际关系，创建文明家庭呢？

1.温馨的家庭氛围

珍惜家庭，共同营造乐观、豁达的生活氛围，维护家庭的健康发展，是每个家庭成员的责任。要警惕坏情绪"污染"家庭氛围。家庭情绪是家庭成员情绪的总和，它来源于每个家庭成员的情绪及成员间的关系。某个成员暴躁愤怒，会引发家庭其他成员相应的情绪，或者造成对方情绪低落，焦虑不安，搅得一家人不得安宁。每一次伤害给家人带来的不满情绪，会逐步地累积起来，以致最后爆发出强烈的冲突与矛盾，甚至引发家庭的破裂。对每个家庭成员来讲，不应随意地放纵自己，肆意做出伤害彼此感情、恶化家庭气氛的言行。首先要理解别人，再寻求别人的理解。家庭成员要诚心地聆听和理解别人的想法和情绪，然后再寻求别人对自己的理解和共鸣。沟通障碍的主要原因之一就是对同一件事有不同的理解，人类心理方面最大的需求是被理解，因为理解包含了对一个人内在价值的肯定、认可、承认和赞赏。其次要有"共赢"的想法（从"我"到"我们"）。依据共同利益来考虑问题，互相支持，互相尊重。不再单单考虑"我"，而是考虑"我们"来达成共赢协议。家庭成员之间需要做到互爱、互助、互敬、互谅、互相支持。再次，家庭成员需要的是学会如何表达对家人的关爱，这种表达是很重要的，需要用一种仪式来传达。家庭是讲爱的地方，是讲奉献的地方。

2. 恩爱的夫妻关系

夫妻关系是家庭中最基本、最主要的关系。处理好夫妻关系，是保持家庭和谐幸福的头等大事。处理夫妻关系的准则是夫妻平等，互敬互爱。在生活上，要互相敬重，互相爱护，注意思想上的沟通和生活上的照应；在家务劳动和管理上，要民主协商，形成合理的分工与合作；在夫妻双方出现矛盾时，彼此宽容，互相体谅，互相忍让，别学刺猬“拔刺射人”。夫妻在争吵时的谩骂是最伤人，也是最难听的；在感情上，要彼此忠诚，对爱情专一，对于对方与异性的正常交往，不要没有根据地随意猜测，而是要尊重对方，并容忍对方性格上的某些不足。夫妻相处，角色也会随环境变化。譬如，公开场合或在亲属朋友面前，可能需由丈夫来代表家庭发表意见，妻子要谦让些，扮演较附属、听从的角色；可是当夫妻在家里，谈论家里琐事时，则可以让妻子做主，丈夫只需陪衬性地参与发表意见。夫妻关系和谐，这样家庭中人际关系才能和谐。

3. 良好的亲子关系

在构造和谐家庭时，亲子关系尤为重要，良好的亲子关系和家庭幸福息息相关，而且也可以让子女感受到关注和爱，可以让孩子以健康的心理投入今后的社会环境中去。当好“孩子的第一任老师”，父母要有一致而合理的管教态度。教育孩子，重要的是尊重，尊重他对自己人生的主控权。过度的挫折教育，或者将自己的期望强加给子女，这样的孩子有可能会成功，但一定不会幸福、快乐。充分理解和尊重孩子的兴趣和追求，给子女必要的帮助、鼓励和赞美；让子女感受到他们对家庭的责任，为子女树立良好的榜样。同时自己作为子女，要尊重父母，孝敬老人，承担起对

父母应尽的义务,虚心听取父母的教导,帮助父母承担家务,让父母老有所依,老有所乐。

4.融洽的家庭成员关系

在家庭中无论是夫妻之间、亲子之间、兄弟姐妹之间还是婆媳之间,养成每天谈心的习惯,有利于家庭成员之间的感情培养,让家庭成员可以最大限度地将自己的情感充分地表现出来,从而营造融洽和睦、向上向善的家庭氛围。

家庭人际关系的最高境界,就是和谐。“家和万事兴”是文明家庭的箴言。“和”是家庭文明的核心要素,“父子笃,兄弟睦,夫妻和,家之肥也”。父子亲近,兄弟同心,兄弟姐妹和睦,夫妻恩爱,家庭和睦,家人齐心,家庭财富才会自然聚集。不幸的家庭各不相同,幸福的家庭却几乎一模一样,“单丝不成线,独木不成林”,和谐应当成为家庭的主旋律,团结合作应该是整个家庭的主心骨。

当然,家庭文明不仅仅局限在小家庭的和睦上,其外延不断扩大,从爱国守法、明礼诚信、夫妻和睦、孝老爱亲发展到科学教子、邻里融洽、友爱互助、勤俭节约、热心公益等各个层面。完善家庭关系、树立良好道德风尚、改善人际关系、组织家庭奉献活动,是“文明家庭”建设的重要内容。

营养饮食与健康

日常生活中,每天的膳食必须保证蛋白质、脂类、矿物质、维生素等人体所必需的营养物质。

合理摄取脂肪类食物。脂肪类食物不可多食,也不可不食。

因为脂类是大脑活动所必需的，缺乏脂类会影响大脑的正常思维。但若食用过多，则会使人产生昏昏欲睡的感觉，而且长期累积就会形成脂肪。

补充必要的维生素。维生素在人体内的作用很大，不可缺乏。维生素A对预防视力减弱有一定效果，可通过多吃鱼肉、猪肝、鳗鱼等食物来补充维生素A。在校学生日晒机会少，容易缺乏维生素D，要多吃海鱼、鸡肝等富含维生素D的食物。当人承受巨大的心理压力时，维生素C和维生素B的消耗显著增加，应尽可能多吃新鲜蔬菜、水果等富含维生素C的食物，还有含维生素E丰富的杏仁、胡桃、玉米、菠菜和山药。若是平时患有神经衰弱者，可经常选用莲子、龙眼肉、百合、大枣、糯米等煮粥食用。

适量补钙，维持体内钙平衡。饮食中可以有意识地多喝牛奶、酸奶，以及多吃鱼干、小虾等，这些食物含有丰富的钙质，可以有效防治骨质疏松以及颈椎、腰腿等种类的职业病发生。

食用碱性食物，增强抗疲劳作用。高强度的体力活动后，人体内的代谢产物乳酸、丙酮就会蓄积过多，造成人体体液呈偏酸性，使人体有疲劳感。为了维持体液的酸碱平衡，可多吃些碱性食物，如豆腐、油菜、红薯、洋葱、蘑菇、胡萝卜等；而呈碱性的水果有柑橘、西瓜、葡萄、香蕉、草莓、樱桃等。

合理的膳食结构。食物种类搭配记住"一二三四五六"就行：每天至少吃1种奶类；2种豆类，比如大豆、豇豆、红豆、豌豆，其中大豆是必不可少的；3种肉类，一种是鱼虾，其他两种是畜禽肉类；4种谷物；5种水果；6种蔬菜。

健康的烹饪方法。烹饪方法以蒸、煮、焖、拌、汆为主。选择这些烹饪方法自然是为了减少营养流失，保证低脂饮食。不管何种烹饪方法，低盐、低脂、高膳食纤维是食谱中必须遵守的原则。

一切食物都具有天然的治疗功效。许多种食物中的天然成分都具有祛除疾病、增进健康的功效，合理的食谱和饮食习惯是健康生活的基础。

资料来源：项春《合理膳食吃掉“亚健康”》，《东方食疗与保健》2009 年第 7 期。王璐、王旭峰《营养是“搭”出来的》，《婚姻与家庭》(社会纪实版)2014 年第 11 期。

第三章
甜美的爱情事业

理智的心　开启幸福人生旅途

爱情是古今中外文学艺术的永恒主题,也是人生幸福的一大追求。影响恋爱的因素很多,而心理是最基本的因素之一。因此,掌握恋爱过程中的相关心理问题,从心理层面上认识和解决恋爱中的问题,会使恋爱生活更健康、更美好。

一、怎样正确理解爱情?

小王和几个好朋友在一起聊天,谈论爱情话题。小王说她非常感激村里小黄在她困难无助的时候帮助了她,后来小黄向她表达爱慕之情,她却分不清楚对他究竟是感激还是有爱情;小李说她很敬佩村主任助理,觉得他能干,为人处事,待人接物行为得体,她怀疑自己是不是爱上了他;小汪说她与村里男团支书经常在一起组织志愿活动,常常打电话发短信,有点惺惺相惜的感觉,她犹豫着要不要主动向他表白;罗燕说她和厂里的一位男同事兴趣爱好都很一致,相处也很快乐,但不知道是不是应该跟他谈恋爱。大家疑惑了,到底什么才是爱情?

根据心理学家斯坦伯格的理论,完美的爱情大致包含了三个要素:激情、亲密和承诺。激情是强烈渴望和对方结合的状态,亲密是两人之间感觉亲近、温馨的体验,而承诺则是维护双方关系的一种责任和意愿。爱情是人际吸引最强烈的形式,是身心成熟到一定程度的个体对异性个体产生的有浪漫色彩的高级情感。心理学认为爱情是人类异性间的一种崇高情感,它有排他性和专一性。也就是说,这种感情只存在于彼此相爱的男女之间。

1.爱情和喜欢的区别

在实际生活中,与爱情最容易混淆的一种人际吸引方式是喜欢。爱情与喜欢是两种不同的情感。两者的区别:

(1)爱情是一种强烈的依恋状态,卷入爱情的双方在感到孤独时,会特意去寻找对方来伴同和宽慰,有的人因而坐卧不安,茶饭不香,“一日不见,如隔三秋”,甚至郁郁得病。喜欢却是一种平

和的吸引状态。

(2)和喜欢相比,人们在爱情关系中有更多的关怀。恋人的一举一动,或笑或怒,事无巨细,都会令人牵肠挂肚。

(3)爱情往往不求回报。和喜欢不同,恋爱中的人会高度关怀对方的情感状态,觉得让对方快乐和幸福是自己义不容辞的责任。在对方有不足时,也会表现出高度的宽容。即使是以自我为中心、自私自利的人,在恋爱中也会表现出某种理解、宽容、关怀和无私。

(4)爱情关系中人们对对方更信任。恋爱中的人几乎完全不设防,较少考虑后果。

(5)爱情具有强烈的排他性,受不了对方移情别处。而喜欢却能与一人或者多人分享,彼此和睦相处。

(6)恋爱双方,不仅对对方有高度的情感依赖,而且会有身体接触的需求,爱情关系往往伴有经常的、强烈的性欲出现,因此爱情一般会走向婚姻,以便性欲取得合法的满足途径。喜欢关系中通常没有性欲,即使偶尔有性欲的成分,其性质也不是很明确。

(7)以激情为特征的爱情,和友谊很不一样,那种头晕目眩、怦然心动、患得患失的感觉,让你一眼就把他(她)从朋友堆里区别出来。爱情和友谊在承诺上也不一样。爱情的承诺通常是明确而具体的,它包含了很多的责任和义务。而友谊的承诺是不明确的。

通过上述7点,我们可以得出一些有针对性的结论,来帮助小王、小李、小汪、罗燕,以及与她们有同样困惑的人了解爱情。

2.爱情与其他感情的区别

有的人会感激在她困难之时伸出援手的人,这是人之常情。

这可能成为爱情的开始,但感激本身并不是爱情。

人们都会尊重工作能力强、业绩突出的人,女性很容易对这样的人产生敬慕之感。爱情之中双方的敬重是必不可少的,但是异性之间单纯的敬重并不是爱情的全部。

有的人会说以亲密为特征的爱情,和友谊有一些像。很多爱情就是从长久的友谊发展而来,从这一点看,友谊和亲密型爱情之间并没有绝对的界限。衡量一个人对异性有无爱情、强度如何,可以通过“是否发自内心帮助所爱的人做其期待的所有事情”来判断。

人们常说兴趣爱好一致的异性之间更易有好感,但志同道合其实并不是爱情的本质。兴趣爱好相同的男女共同的语言可能多些,彼此思想感情更容易交流,有助于培养爱情,但兴趣爱好相同的异性并不一定会发展成情侣。

爱情是世界上最复杂的情感现象,是人生幸福的一大追求,为了爱情,彼此可以无私地奉献,经过岁月的变迁和时光的飞逝而始终如一。

二、如何选择人生伴侣?

小曾到了该恋爱的年纪了,身边的朋友有的喜欢长得帅的男性,有的喜欢家庭背景好、有能力的男性,有的喜欢为人好、门当户对的男性。小曾却不知道如何选择恋爱对象,找到属于自己的另一半?

爱情作为一种最强烈的人际吸引形式。人际吸引是人与人之间的相互接纳和喜欢。影响人际吸引的因素主要有如下几点:

1.外貌

爱美是人的天性，人们往往会以貌取人，认为外貌美的人也具有其他的优秀品质，其实未必如此。人们常常说“人不可貌相，海水不可斗量”，但是却很难避免良好的外貌所产生的良好的第一印象使人产生一种接近的倾向。心理学研究发现，外貌魅力会引发明显的辐射效应，即对一个外貌较好的人，人们会更倾向于认为他的其他方面也很好。

2.才能

人对有能力的人的态度往往出人意料。才能一般也会提高个体的吸引力，任何一个人，都不愿意选择喜欢一个总是比自己无能和低劣的对象，都会喜欢那些善于交谈的朋友，喜欢技术出众的同事，喜欢有见识的男性。因为与有能力的人在一起，我们可以得到更多的学习机会，获得更多的东西，也会觉得更有安全感。

3.品质

大部分女性在选择恋爱对象时都比较看重人品。个性品质一般情况下对人际吸引的影响最大最稳定且最持久。心理学研究表明，男性吸引他人的品质有：真诚、果断、勇敢、理智、忠诚、冒险、胸襟开阔、坚强等。根据美国学者安德森的研究，真诚是最受欢迎的品质。一个人要想赢得别人的尊重，与别人保持良好的交往，真诚是必须有的品质。

4.相似与互补

在日常生活中人们往往喜欢那些和自己相似的人。如兴趣、爱好、社会背景、地位、年龄、经验等方面。“酒逢知己千杯少，话不投机半句多”，说的就是这种现象。互补也是发展亲密关系的一个重要因素。当交往双方的需求和满足途径正好成为互补关系时，所产生的吸引力是非常强大的。

爱情是人际吸引的特殊表现形式，与性吸引有关的爱情也是人与人之间相互吸引的一个原因。

每个人的恋爱观是不一样的，“萝卜白菜，各有所爱”。因此，选择最适合自己的恋爱对象做人生伴侣，才是最好的。

三、如何提高爱的能力？

云萱和咪瞳恋爱相处已经有一段时间了，在相处交往中常为小事发生争论，事后双方又后悔。云萱觉得他人很好，二人价值观比较一致。但她不明白，两个相爱的人为什么经常吵架呢，怎样做才能有利于恋爱关系的长久发展呢？

根据心理学和社会学的相关研究，爱情的发展往往会经历晕轮期、认知与磨合期、理性与平淡期。而影响恋爱双方关系发展的因素有很多，其中个人的爱的能力很重要。爱的能力实际是一种综合性非常高的能力。具有爱的能力的人不但被人爱，更懂得如何去爱别人。

1. 表达爱的能力

心中有了爱，还需要有效地表达爱，敢于表达、善于表达，这是一种爱的能力。表达爱，是一种自信的表现。在善于表达的同时，还要善解人意、理解并支持对方，让对方常常感受到来自你的爱。

2.情绪控制的能力

爱情有时需要将对方的幸福放在首位，首先考虑对方的感受，因此偶尔觉得沮丧乏味是不可避免的。这时，情绪控制的能力就显得十分重要，要管理好自己的情绪，才有能力去爱别人。在爱的过程中，难免会出现一些不和谐的地方，能否控制心情，这是爱的能力的重要方面。实际上，即使双方非常相爱也可能会有争吵，但要注意争吵的艺术，情绪控制不但不会伤害爱情，反而会增进彼此的感情。

3.满足生活的能力

当物质生活满足不了人的最低需求时，人会由于对物质的不满，产生情感上的不满。如果基本需求不能满足，一个人就会只关注自己的需要而看不到别人的感受。

4.尊重人的能力

每个人都需要得到别人的尊重。因此，学会尊重他人，是做人的应有之义。尊重恋人的人格和感情，正确认识恋爱自由。不能总是拿自己的标准去要求别人，比如自己认为对的对方就应该照着做。要接纳对方的价值观、生活方式，尊重差异、共同成长。只有尊重、包容，才会让彼此的心靠得更近，爱情更有魅力。

5.负责任的能力

责任也会影响爱情的发展。爱情从来不是个人孤立的心理活动，真爱意味着责任与承诺，对爱情忠诚，彼此间承担起责任才会真正带来幸福的爱情。所以，双方在爱情的征途中需要风雨同舟、患难与共。

爱需要勇气，更需要能力，没有能力的勇气，有心无力。爱的能力，可以通过学习和有意识的练习获得。有了爱的能力，才能幸福地经营爱情。

四、如何运用恋爱心理效应？

爱情会引起一些特殊的心理现象，也就是恋爱心理效应。主要有以下几种：

1. 一见钟情

指的是男女间初次相见就产生很深的爱情，坠入热恋，这种爱情是在没有经过爱恋滋养培植的过程中生成的。“一见钟情”的心理学基础就是被对方的外在表现所吸引，而予以专注的情感。在现实生活中遇到一个与个人内心中理想恋人外表或某一方面相似的人的时候，就会以为“梦中情人”来到了。对心目中理想爱人的幻觉再加上人们往往有“天定情缘”的信念，即相信两个人只为彼此而存在，注定要在一起。但随着交往时间增多，就会发现对方原来不是那么好，并非如自己所期望的，心理上就会产生落差。

2. 首因效应

首因效应也叫首次效应、优先效应或“第一印象”效应。第一印象作用最强，持续的时间也长，“先入为主”带来的效果，比以后得到的信息对于事物整个印象产生的作用更强。尽管这些第一印象并非总是正确的，但却决定着以后双方交往的进程。如果一个人在初次见面时给人留下了良好的印象，就会影响人们对后来获得的新信息的解释。

第一印象主要是依靠体态、姿势、谈吐、面部表情、衣着打扮等，我们应当提高自身修养来树立自己的形象，尽量展示自己优秀美好的一面，为后续交往奠定基础。

3.情人眼里出西施

情人眼里出西施是指在个人眼中的恋人是完美无缺的，像西施一样是绝代佳人。这是“晕轮效应”的现象，就是对方的某一品质或特征非常突出，给人以清晰鲜明的知觉，以至于掩盖了其他品质和特点的知觉。这一突出品质甚至导致人们错误地从这一点出发，做出对全貌的判断，“以点概全”，就像晕轮一样，一点发亮。

当恋人的闪光点得到强化，其不足就会被降到最低。这样造成的后果知觉往往会存在偏差，容易将对方看成是最好的、最理想的对象。虽然这种美好感觉对恋爱关系的发展起到了一定的助推作用，可是，它也造成了理想和现实的反差。

4.罗密欧与朱丽叶效应

在莎士比亚的经典名剧《罗密欧与朱丽叶》中，罗密欧与朱丽叶相爱，但由于双方家庭是世仇，他们的爱情遭到了极力阻碍。但这并没有使他们分手，反而使他们爱得更深，直到殉情。挫折越多，感情越深。这样的现象我们叫它“罗密欧与朱丽叶效应”。这是一种逆反心理。外界的干预激起了个人的自尊心，当事人将做被禁止或不被赞同的事当作一种维护个人自由的手段，一致对外，内部分歧重要性降低。同时，个人的注意力集中向外，而不注意审视对方了。因此，对不看好的婚姻，父母、亲朋好友的干预要适度，否则会适得其反。

5.投射效应

是指将自己的特点归因到其他人身上的倾向，即以己度人，认为自己具有某种特性，他人也一定会有与自己相同的特性，是把自己的感情、意志、特性投射到他人身上并强加于人的一种认知障碍。即在人际认知过程中，人们常常认为别人理所当然地知道自己心中的想法。网恋其实是一种投射效应，人们常常假设他人与自己具有相同的属性、爱好等，而网恋的对象无疑可以成为设想的那个人。

五、怎样才能赢得爱情?

小慕对爱情充满了美好的憧憬，但总是找不到心仪的对象，她已经交了几个男朋友，都是不欢而散，难以收获爱情。父母有些着急，她也很苦恼，怎样才能获得爱情呢？

爱情不是用一颗心去撞击另一颗心，而是两颗心共同撞击产生火花。心理学家提出爱情三角理论，认为爱情应该包含亲密、激情和承诺三个因素。亲密是指彼此依附亲近的感觉，包括爱慕和希望照顾爱人，通过自我揭露，沟通内心感受和提供情绪上、物质上的支持来达成。激情是指那些反映浪漫、性吸引力的动机，包括自尊、支配他人等需求，它包含了许多对恋人的情绪，如思念、看到对方感到害羞、爱慕、兴奋等。承诺是指与对方长期在一起的意愿与决定，短期来说就是去爱一个人的决定，长期来说就是为了维持爱情所做的持久性承诺。这三种成分在爱情中的比例会有所变动，但是只有三者都具备才是完满的爱。

那么，怎么才能获得爱情呢？

1.要正确地看待爱情

爱情充满着浪漫，但浪漫不是爱情的全部。憧憬自己的对象完美无缺，而不愿意接受现实的残缺，冲突往往由此而起。完美主义的爱情观是爱情失败的重要原因，双方总会有缺陷，不能因为太过憧憬完美而伤害现实中深爱你的人。实际生活中再恩爱的夫妻也有分歧、争议甚至争吵，但这些并不影响他们相爱。

2.爱情需要终生学习

现实生活中，很多人在受过爱情的打击之后，不再相信爱情，成为真正的爱无能。爱的根本问题不是有没有爱的对象，而是有没有爱的能力。所以爱需要学习。爱情的含义对每个人都是不同的，初恋是爱情的形式之一，是情感航程的开始。爱是一种本能，是需要方式方法的。双方需要不断地学习，不断调整与爱人之间的交流沟通方式，才能获得长久的爱情。

3.爱情需要主动把握

在感情的波折中慢慢明白什么才是爱，慢慢学会怎么去爱。聪明的女性应该主动探索爱的意义，学习爱的知识，树立高尚的爱情观。有的女性因为传统观念，没有主动把握爱情机遇，而导致错失了爱情。应该学会主动把握机遇，争取自己的幸福生活，应该主动地为爱情努力，创造美好的生活。

六、如何克服恋爱中的异常心理？

每一个人都渴望拥有一份美好的爱情。恋爱中的人心理活动复杂多变，尤其是处在恋爱中的女性，其心理更是让人捉摸不透。在恋爱中女性往往有以下几种异常心理：

1. 施虐心理

恋爱中的女性往往都有不同程度向对方施虐的心理倾向，约会迟到就是女性施虐心理的一种无意识流露，约会时姗姗来迟，让对方等得焦虑、烦躁、疑惑、担心，在男友等得焦急不堪之际，她会突然出现，给对方一个意想不到的惊喜。女性往往会通过这种奇特的方式，来获得自己的心理满足。恋爱中，这种轻微的偶尔的“施虐”也是不可缺少的“作料”，但经常、过分的施虐却是一种变态的心理，是万万不可取的。

2. 错觉心理

错觉是对事物不正确的观察和反应所产生的一种心理现象。这里讲的爱情错觉是女性在恋爱时，常常希望男朋友说甜言蜜语，做出温柔的举止，然而男性很少了解这一点。女性会有意识地在男朋友面前与其他男性友好、亲热，企图激起男友的醋意，以考验男友的真诚程度，但现实中往往适得其反。因为，大多数男性会对女性的这种“移情”产生错觉，信以为真，而主动退出恋爱，从而导致双方结束美好的恋情。

3. 嫉妒心理

女性在恋爱历程中，有不同程度的嫉妒心是正常的，男女之间的爱情具有专一性和自私心，但也不能因此而不允许自己的恋人与异性有正常交往，更不能因此产生嫉妒以及毫无根据的猜疑。过分的嫉妒不利于爱情的正常发展，看到男友与别的漂亮女生谈笑，感觉情人被他人掠夺，因此便产生嫉妒，使自己无法解脱。嫉妒心理是有害的，它不仅有损他人，同时也导致自己心理

失衡。

4.真心假意

女性在恋爱过程中表达自己欲望的方法一般比较含蓄、委婉，有时还会是反向的。她说“不”的时候，内心往往是“好而愿意”。女性的这一奇特心理，实际上是一种自我保护的计策。当然，有时也是女性真正内心的表示。男性在恋爱中要掌握女性的这种异常心理，仔细斟酌，真正领悟，从而有助于恋爱成功。

5.缘分心理

部分女性相信男女之间的结合是由缘分二字决定，命由天定。这主要是受封建迷信思想的影响，她们为了自己的婚姻求神拜佛，算命看相，阻碍了青年男女恋爱关系的建立和发展，甚至酿成不幸。

6.自卑心理

生活中常有一些这样的女性，一方面希望与自己所爱的人多多接触，通过交往增进对彼此的了解，培植爱情，另一方面却由于自卑心理作怪，不敢主动向对方传递爱的信息。大凡有自卑心理的女性，总是一味轻视自己，总感到自己这也不行，那也不行。这种情绪一旦占据心头，就会产生忧虑、焦虑，长吁短叹。这种自卑心理，往往妨碍了男女恋人的正常接触，影响恋爱双方对彼此的了解，甚至由此错过理想的择偶良机。其实一个人越自信，就越能向别人敞开心扉，越能赢得爱情。

男女交往通常要经历三个阶段：寻找感觉、相互了解、建立关系。在这个过程中，自我意识的觉醒和理智同样重要，需要不断纠正心理偏差，提防走入爱情的“歧途”。

七、如何理性看待网恋?

小王在网上认识了一个男生,经过一段时间的交往,就慢慢喜欢上他了。小王心里很矛盾,不知该怎么看待这段网恋。

网恋指男女双方通过现代网络媒介进行交往并恋爱。心理学家也发现,在网络这种匿名沟通环境中,人们很容易放下心理防备,和不认识的人分享他们的秘密、希望和未来。

1. 在网恋中有些什么样的心态

(1)浪漫网恋。网络让陌生的人相识,就算天各一方,也因为网络的神奇而变得没有距离感,网恋让爱情多了几分浪漫、变得更精彩生动。现实生活中的爱情受传统观念的约束,不免带有世俗的色彩,网恋比日常恋爱更迅速更直接,没有现实生活中那种相见时的害羞与腼腆,男女双方对爱情充满憧憬与渴望,希望通过网络虚拟世界编织浪漫纯真的爱情。此类心态的人往往很容易在网络上坠入爱河,不能自拔。

(2)追求感觉。有些人只是想在网络上体验一下交友的感觉,他们无意于真诚地爱一个人,追求的只是一种所谓的感觉。在网上互诉衷肠,唯独不谈现实中的爱。因现实生活中的爱情往往不可避免地与婚姻联系起来,而在网上可以爱得死去活来,但不必非得娶或嫁给对方。

(3)实用便捷。由于网络具有先进、便捷、影响广等特点,很多有意于寻找终身伴侣的人把网络作为一种手段,会主动挑明自己的条件和要求,注重实际,不想浪费时间和精力。

(4)诈骗。也有不少居心不良的人,利用“网恋”进行欺诈犯

罪活动，骗财骗色，骗对方到某地见面，从而进行敲诈、勒索或恐吓对方。不少缺乏社会经验的女性深受其害，这点应引起足够的警惕和重视。

从心理学上来说，我们会把网恋的对象想象得过于理想化，这时也就会造成对对方的了解不够客观与全面。网络是一种隐蔽性很强的交往方式，因此要区分和看出对方的心态到底为上述哪一种并不容易。

2. 网恋应该关注对方的事项

(1)辨别真实性。如果你开始了网恋，对方身份的真实性是一个不可忽视的问题。在你还没有确定对方身份的时候，不要轻易地透露自己的隐私信息。虽然现实中的恋爱也有欺骗行为，但网恋不可避免地会存在诈骗和危险，应该认清网络的虚拟性、隐匿性等特点，要提高警惕，有安全意识。要学会辩证地分析、认识网上的各种信息，辨别真伪。首次见面需谨慎，在网络中不管有过多少承诺，证明现实身份这一步都是十分重要的，相约地点要合适，可以要求家人、朋友作陪。

(2)分清你的爱。真爱是经过彼此了解这一必须步骤之后产生的激情与承诺，迷恋通常是在非常快、非常短暂的时间内发生的。网络的隐蔽性为人们提供了相对自由的空间，而网络的非直观交流等特点有助于个人互相展示优点，而有意识地掩盖缺点，把对方想象得很完美。网恋的魅力在于网络的虚幻，而网恋的危害也恰恰在于其虚幻。因此，更要把握好尺度，分清虚幻的迷恋和真爱。

(3)避免物质要求。不管是现实中的恋爱还是网络恋爱都无法避免物质的交流，陷入恋情的人们往往愿意与对方分享自己的物质财产。由于双方的虚幻性，网络恋爱不要随便涉及金钱方面的问题，不要丢弃防备心理，尽可能地避免物质往来。利用网络谈恋爱本身不是坏事，关键是如何回避其中的风险和危害。

网恋是人际交往的一种新方式。但是，由于网络世界是虚拟的，具有不稳定性，因此要正确对待网恋，防范可能带来的危害。

八、怎样解读失恋后的心理？

小霞失恋了，痛苦、愤怒、情绪低落、疲惫不堪、无奈，做事都提不起劲来，感觉生活都笼罩在失恋的阴影下，甚至有些憎恨对方并且想要报复他。

失恋对于女性是一种挫折体验，尤其是男方提出分手会让女性有强烈的挫折感。女性失恋后的心理表现多种多样，大体上有：

1. 悲伤

女性失恋后会感觉伤心，特别是初恋的失恋更容易使女性感到伤心。热恋的时间越长，对男方感情越深就越伤心。这种伤心属于人之常情，随着时间的流逝会逐渐消失。

2. 自卑

如果男方提出分手，有些女性会感到羞愧难当，陷入自卑、心灰意冷之中，自尊心受到严重打击；有的女性会产生一种羞耻的感觉，甚至感到无脸见人；有的女性失恋后产生绝望情绪，认为自己失去了一切，痛不欲生，有的甚至产生轻生的念头。

3.失落

女性在热恋中易对恋爱对象产生依赖的心理，经常渴望恋人的温暖和安慰。一旦失恋了，失去自己心理上依赖的对象，便会产生一种很强烈的被掏空的失落感，甚至坐立不安。

4.憎恶

由于“薄情郎”的不义而失恋，女性往往对男方产生一种憎恶心理。过去对男方的感情越深，失恋后的憎恶程度就越强烈。

5.冷漠

有的女性由于失恋，精神上受到严重打击，觉得生活没有意思，对所有的事情都失去兴趣，甚至对自己的爱好都提不起兴趣。

6.报复

有的女性失恋会失去理智，产生报复心理。在失恋后，对男方的感情会由爱变恨，甚至会采取不正当、不合法的手段对对方进行报复，轻者散布对方的谣言，重者伤害对方。

7.升华

有的女性从失恋中吸取经验教训，重新认识自己，并学会分析别人、振作精神、发愤图强，更加努力地学习与工作，将精力投入新的恋爱。

每个人失恋后的表现都不一样，可能表现为上述现象中的一种或者多种。人的理智可以战胜感情，学会坚强。可以采用疏放法，即与自己的亲人朋友倾诉自己的感受，以得到其他人的支持，尽早地从消极情绪中解脱出来，尽快开始新的幸福生活。

当你真正走出了失恋，会更加懂得自己，在下一次感情中你

会更加理性。

九、怎样快速走出失恋的痛苦?

自从男朋友提出分手之后，张芳就一直在挽留，一方面心情难以平复，觉得自己失去的太多，人格上受到了伤害，另一方面觉得在别人面前抬不起头。对生活很悲观，情绪时起时落，一想到昔日的恋人就不由自主地哭泣。她该怎么办呢？

恋爱中的张芳很深情很投入，所以在离别时无法自拔地陷入疼痛当中。失恋，是恋爱中一种挫败的现象，精神上的打击，会使人心理失衡。这时，人体往往会进行自我防御来摆脱其心灵的痛苦。但是，这种自我防御有一些是消极的，例如，冷漠、自我攻击、直接攻击对象或者向他人发泄。所以，失恋者应学会自我心理调节，从而达到新的心理平衡。

如何调适失恋后的心理，快速走出失恋的痛苦？

1.学会理性分析

正视现实、冷静分析失恋的原因，避免出现认识和归因上的偏差。失恋的原因可以从内在、外在等角度去进行分析，所谓内在原因就是恋人自身的原因，如性格等。如果是男方喜新厌旧，另有所爱，应该很庆幸，因为你们一旦结婚则后患无穷；如果对方认为你不是理想的伴侣而分手，那就要宽容，因为爱情不能一厢情愿。如果是自己存在的不足与不良的心理原因而造成的，就要总结经验，积极改进自己，争取在下次恋爱中获得幸福。

要在客观、理性分析的基础上鼓励自己面对现实，树立正确的恋爱观，认识到恋爱是一种互相了解、培养感情的过程。这个

过程的结束，不一定是步入婚姻的殿堂，也可能是恋爱的中断，这是一种正常的现象。

2. 善于疏导情绪

失恋的姑娘不能把自己的苦衷憋在心里，否则容易使自己更加惆怅。主动与朋友、亲人交谈，有助于消除失恋带来的心中郁结，同时通过朋友的真诚关心，获得心理的平衡和健康。或者大哭一场，可以使情绪平静。专家认为，眼泪能把有机体在应激反应过程中产生的某种毒素排出去。那种想哭又不敢哭，甚至还要强颜欢笑，表面上看起来好像很"坚强"的状态，其实对自己的心理健康伤害更大。如果感觉心中的积郁实在太深，无法排解时，也可以找心理咨询师进行心理咨询。假如因失恋失去了自己的健康，才是人生真正的悲剧。

3. 积极社会交往

失恋后往往感到不好意思见人，其实越是这样做越会增加失恋的痛苦。应该多参加社交活动，交往能丰富人的情感，集体温暖也是消除失恋痛苦的强大心理力量。生活中自然会出现懂得你的好，并且爱惜你的人。在社交活动中结交新的朋友，建立友谊，在友谊深化的过程中，新的爱情将会出现。

4. 精神转移法

失恋固然是一件不愉快甚至痛苦的事，但是既然已经中断了恋爱关系，就不要藕断丝连，眷恋旧情，自寻苦恼。失恋首先是一种幸运，其次才是不幸，失恋的女性要以理智战胜这种痛苦，以冷静的头脑去寻找新的知音，当碰到新的异性知己时，爱的对象自然会转移为新的知己。要有意识地潜心做自己感兴趣的事情，用新的乐趣来抵消旧的烦恼，在做自己开心的事的过程中，失恋的女性将更加能体会到人生的意义，端正爱情在生活中的位置，从而正确对待失恋的挫折。

在恋爱的过程中，彼此都有过付出，很多人之所以很难走出失恋的阴影，是因为对这段感情的付出有诸多不舍。要正确处理恋爱挫折，清醒地认识到，爱情是双向、相互的，是以双方的爱情为基础的。当然，要忘掉一段曾经真心付出的感情，绝非一蹴而就的事情。不要太苛求自己，要给自己留出时间和空间。时间也许是一剂最好的药，这里所说的时间，就是要用最短的时间达到最好的效果，面对失恋的时候，不妨用时间去消磨掉那段记忆。

十、如何解决与家长不一致的婚恋观?

父母不顾沈晶的反对，着急要给她跟一个经介绍认识才两个多月的人订婚。其实介绍的那个对象各方面条件都挺不错，但沈晶对父母的做法难以接受，怎么办呢?

父母忽视了对女儿的应有尊重，让女儿感到父母无视自己的独立存在，便产生了对立情绪。暂不论这种对立情绪的正确与否，但它至少是不明智的。

首先，要积极表达想法。冷静地与父母面谈，耐心地表达出自己的想法，同时也听听父母的理由。作为女儿，享有婚姻自主的权利，父母“包办”儿女的婚姻，担心儿女长大后“嫁(娶)错人”而过不上幸福生活，从主观上看，父母是没有恶意的，出发点是好的，作为女儿是应该理解的。但是父母的做法是不妥当的。作为女儿也不忍心看到父母为自己的婚姻操太多的心。在这种坦诚的沟通中，父母和女儿能更好地相互理解对方的想法，尽可能达

成共识。

其次，换个角度思考。应该搞清楚反感的究竟是父母强制定亲的做法还是对介绍的对象不认可。情绪理论认为：正是由于我们常有的一些不合理的信念才使我们产生情绪困扰。这些不合理的信念久而久之，还会引起情绪障碍。同样一件事，由于不同的态度，往往会产生不同的情绪表现。同样是介绍对象，一个人可能把它看作认识朋友的机会，高兴地去结识；而另一个人可能把它理解为自己将被父母强迫结婚，觉得很难过，由此产生情绪困扰，如果这些不合理的想法日积月累，还会引起情绪障碍。因此，要纠正你的不合理想法，摒弃对父母的反感，并仔细考虑父母的意见。

爱情是男女双方相互了解、情投意合，共同培养出来的甜美果实。因此，对对方的了解才是最重要的，认识对方的渠道并不是最为重要的。

父母也该学会尊重女儿的想法。这样，女儿才会真正幸福快乐。如果父母随意为女儿选丈夫，女儿不爱，那这样的婚姻是不会长久的，还是得让她们自己去选择和追寻幸福婚姻。

小贴士

正确阅读药品说明书

药品说明书是指导怎样用药的根据之一，具有法律效力。用药前准确阅读和理解说明书是安全用药的前提。

了解药品名称：正规的药品说明书都有药品的通用名、商品名、英文名、化学名（其中非处方药无化学名）。一种药只有一个

通用名(即国家规定的法定名),使用者一般只要能清楚药品的正名即通用名,就能避免重复用药。

了解药物用法:如饭前、饭后、睡前服用,一天一次或三次,是口服、外用还是注射等都必须仔细看清楚。

了解药物用量:必须按说明书的规定服用。一般说明书用量都为成人剂量,老人、小孩必须准确折算后再服用。

了解适应证:对于使用非处方药的患者,能够自我判断自己的疾病是否与适应证相符、对症下药,最好在药师的帮助下选择购买。

药品有效期是药品在一定的储存条件下,能够保证其质量的期限。

资料来源:摘自金芬芳、李加利主编《感冒合理用药247问》,中国医药科技出版社2009年版。

第四章
幸福的婚姻秘诀

智慧的心　营造美满家庭生活

“有情人终成眷属”，结婚使恋人终于变成夫妻。婚前，青年男女总是期待结婚会给自己的生活带来美妙的变化，但现实往往并非如此。面对夫妻现实生活中的冲突、婚外情、家庭暴力等问题，该怎么应对呢？本章对此都做了详细的分析，让你了解婚姻心理，知道问题的关键是彼此的态度，幸福婚姻需要智慧的心去营造。

一、如何做好婚前心理准备?

热恋中的小明和未婚夫对婚姻有美妙的憧憬,同时也在为结婚进行必要的物质准备。其实,他们仅仅准备了一半。在婚后的夫妻生活中,相处模式与恋爱中是大不相同的,既新鲜、又陌生,既甜美、又苦涩,会出现许多新的矛盾,心理上因此也会产生许多过去没有遇到的不适应的。因此,婚前应该对婚后的家庭生活有充分的心理准备。

所谓心理准备,就是心理上增强对婚后生活的适应能力。婚姻很长,幸福牵绊,冷暖自知,所以做好婚前心理准备,对每一对即将结婚的恋人来说都是非常重要的,是保证以后婚姻美满幸福的先决条件。

1.正确认识未来的家庭生活

恋爱阶段,男女双方只是领略了恋爱生活中美的一面,没有接触到生活的全部。而婚后则要进入苦辣酸甜五味俱全的生活,要承担起家庭生活赋予你的义务,将要肩负起生活的重担,衣、食、住、行、洗衣、做饭、搞卫生,这些平淡而琐碎的事、这些缠手的家务都需要去做。而且,生活并不是一帆风顺的,荆棘和坎坷也将出现,这都是等待青年夫妻的现实生活内容。蜜月的甜美也是由自己甘心为爱人吃苦受累换来的。婚姻在于奉献,婚前每一对恋人,都应该做好为爱人心甘情愿吃苦受累的准备;结婚意味着接受,对爱人的缺点毛病要有宽容和谅解的准备。特别是还要有耐心地帮助爱人克服一切缺点毛病的决心和勇气。

2.正确估计婚后的家庭关系

男女双方对婚后的家庭人际关系应正确地估计，人与人之间关系复杂，家庭人际关系也是这样，但男女双方在婚前却很难体会到。恋爱时，双方在与彼此家人接触中，听到的是甜言蜜语，看到的是热情的笑脸，受到的是盛情款待，大家相处得十分轻松愉快。这种感觉是不真实的。必须估计到，婚姻生活开始后，以上情况就会随之消失，人们的态度就会有所改变，不可能永远对你那样温良谦让。这并不是人们以前待你虚伪，而是人之常情。当人与人接触多了，不可能不产生矛盾，对待你的态度也不可能永远保持一个最佳状态。但是，这并不可怕。人与人常常是爱恨并存，既有分歧，又有统一，男女双方要坚定信心，做好充分的思想准备。

3.了解性知识和性心理

过去，这方面是个禁区，使许多准新人饱尝苦头。结婚就意味着要过夫妻性生活，性生活质量的好坏关系到夫妻的和谐与幸福，所以，必须认真学习有关知识，特别要了解异性性心理的一些基本常识，这对婚后性生活的和谐会有很大的帮助。

4.正确评价自己的恋人

在恋爱阶段，男女双方感情炽热，浪漫色彩浓厚，双方为了获得对方的爱，都充分显示自己的优点和长处。在恋爱过程中，基于时间和空间的限制，男女双方不可能对对方各个方面都接触到，对对方的了解和认识也不可能完全透彻。如果男女双方仅从婚前印象中，就得出结论，以为自己的恋人真是那样子，那么，难免失之偏颇。本着这种认识去要求自己的恋人，婚后不免要感到失望。婚前的印象，常常只反映了自己恋人好的一面，而没有包含另一面。男女在彼此进行评价时，应充分考虑到这一点，想到自己恋人可能也有那样的缺点，可能并不如自己以为的那么好，在思想上留有余地。这样，当婚后对自己恋人有了更全面的了解时，才不会感到失望，才能正确地对待。这是最重要的心理准备。如果这项准备不充分，其他准备再齐全，再完美，也不能保障婚姻的美满。

5. 照顾父母，是家庭重要责任

爱人的父母就是自己的父母。将心比心，要从内心深处真正感到这就是自己的父母，在心理上敬爱老人，只要是真心，老人家都会感受到的。成功经营一桩婚姻是一辈子的事情，所以照顾好双方父母，照顾好家庭，也是一辈子的责任。

恋人之间的相互了解和培养感情需要时间，更需要坦诚，必须以心换心。当恋人间的感情已经达到了如此程度时，那么，婚前的心理准备则自然宣告圆满完成。

二、如何克服结婚时的攀比心理？

许苡的闺密结婚了，丈夫家境好，三层楼新房，结婚钻戒也有一克拉多，她很羡慕闺密。许苡也准备结婚了，但是她总是在比较，从婆家给的礼金到婚礼的排场，她都不由自主地和闺密攀比，一会儿觉得婚车不如别人家高档，一会儿又觉得新房没有别人的大。面对这种情况，该怎么办才好？

许苡的问题是不合理的社会比较。所谓社会比较即是每个个体在缺乏客观的情况下，以他人作为比较的尺度，进行自我评

价。它分为上行比较和下行比较。社会比较理论指出，在向上的社会比较中，跟那些更优秀或更社会化的人比较；在向下的社会比较中则相反。社会比较理论解释了人们为什么会模仿传媒中的典范，因为它可以为个体提高自信心，并且成为合理自我完善的基础。如果比较建立在不符合实际的标准之上，这些功能都会失效。

比较本身没有对错之分，但是比较的标准与方式却会对我们的心理造成截然不同的影响。很多女性在恋爱和结婚时都喜欢与周围的姐妹攀比，即进行上行社会比较，这种攀比会给自己和自己的家人带来无尽的烦恼，对身心是有害的。那么，如何避免不科学的比较呢？

1.要合理定位比较标准

在社会生活中，完全避免与别人比较是不可能的，因为社会比较对于更好地了解自己、获得自我价值感是必要的。但是要建立实际的比较标准才能充分发挥社会比较的作用。因为每个人的具体情况不同，如果缺乏对自己和周围环境的理性分析，一味地沉溺于攀比中，对人对己都很不利，只能带来无尽的烦恼。

2.要减少盲目地横向比较

许苡在结婚时与多个人进行比较，往往会陷入负性攀比思维的死角，产生巨大的精神压力。比较不能同时与多个对象进行。因为只与一个对象比较就可以发现自己的优势，而与多个对象比较实际上就是拿自己不同的方面与不同的人比较，其结果很可能就是在这个方面不如张三，在那个方面又不如李四，最后发现自己所有的方面都不尽如人意，比来比去比出了不良的情绪。

要有一颗容易满足的心，自己好才是真的好。婚礼是婚姻的仪式，过日子是一辈子的事情，珍惜已经拥有的一切，幸福的生活存在于漫长的婚姻岁月中。

三、如何用智慧的心经营幸福婚姻?

李老太与丈夫恩爱了一辈子。有人问李老太相爱终生的秘诀，李老太说，他很好，很完美。问的人笑了，说：老人家，您这不是美化您的丈夫吗，谁都知道，他脾气大，动不动就爱骂人。李老太顿了一下，也笑笑，补了一句，像是回答，又像是自言自语：你们不懂，在我心里，他的缺点从来就是完美的一部分。

美满婚姻是每一对夫妻的期望，但现实中婚姻失败的夫妻比比皆是。其实在婚姻生活柴米油盐的日子里少不了磕磕碰碰，吵架拌嘴是必不可少的调料，想要婚姻能长久地幸福美满，就需要夫妻双方用心去经营。就好比一盆植物需要水分肥料，接受充足的阳光似的，婚姻也要时时给予所需的水、阳光与养料。

从婚姻发展的角度说来，一对夫妻结婚以后，要度过各个阶段。在婚姻生活中，相爱是一门艺术，保持夫妻双方感情的长久是一门高深的学问。那该怎样经营好婚姻呢?

1.学会欣赏和感激

那些相似的幸福婚姻，柴米油盐、平平淡淡，有争吵、怀疑，甚至也想过离婚，但都在日常生活中学会了欣赏和感恩，“努力使自己被对方欣赏”“努力去欣赏对方”，就拥有了婚姻幸福和快乐，婚姻就成了家和港湾。

2.培养夫妻“默契”

夫妻间的默契，是婚姻生活和谐的灵魂，默契是一种境界。

婚姻让两个人亲密相处，同吃同睡，同入同出，而默契则是一个眼神一个手势，甚至尚未形之于外的某个心念，都能令对方会意，并有所共鸣。夫妻双方达到默契是需要一定时间的，这需要双方共同总结两人相处的经验，了解对方的生活习惯，以达到相互理解。

3.尊重双方独立人格

“在合一之中，要有间隙”，给对方以足够的活动空间，尊重对方的隐私权和人格。彼此尊重、彼此忠诚，只有懂得尊重对方，才能得到对方的尊重，不仅要尊重对方，更要尊重对方的父母兄弟姐妹以及对方的亲朋好友。这样的婚姻才是和谐幸福的。

4.家庭事务共同承担

家庭生活是权利和义务的统一，要承担起共同创造财富、共同承担家庭事务、共同培育子女、共同赡养老人等责任，处理好家庭内部人际关系。

5.和谐夫妻性生活

性生活是夫妻生活中最隐秘的部分，而融洽和谐的性生活也是男女生理的天然需求。许多夫妻由于缺少这方面的知识，又羞于启齿，结果就容易导致性生活不协调，而性生活的不协调又会影响夫妻感情。事实上，很多婚姻的失败都是由于性生活不协调。

6.懂得保养婚姻

幸福家庭的因素是：感恩、沟通和交流。夫妻之间分歧、矛盾和冲突不可避免，不抱怨，好好说出来，不苛求对方处处与自己一致，多让步、多理解、多倾听、多交流。在生活中相互扶持、相濡以沫。如果出现了矛盾，尽量在短时间内化解，免得引起更大的误会。婚后依然保持美丽的样子，学会保养自己。

婚姻需要维系，婚姻更需要保养。婚姻是夫妻一辈子的事业，需要用心去经营，这样才能和所爱的人执子之手，与子偕老。

四、如何调适新婚磨合期夫妻关系？

李圆圆和王磊刚刚结婚，婚前彼此感情很好，但是婚后半年，才发现彼此的生活习惯和性格并不相同，开始小吵小闹不断，圆圆还哭着跑回娘家。二人都觉得对方结婚后变化太大，他们感到很迷茫。这桩婚姻是合适的吗？

他们所遇到的问题是婚后的适应问题。几乎所有的新婚夫妻都会遇到婚后的适应问题，都要经历一段磕磕碰碰的磨合期。新婚磨合期是夫妻互动模式和夫妻角色的形成阶段，一些在恋爱中没有暴露的真实思想和行为都会显现出来，会发现双方个性、习惯、行为观念等存在差异，因此夫妻双方需要接纳一些与自己不同的行为观念。

婚前与婚后人际关系不同。婚前的人际关系是比较单纯的二人关系，而婚后的人际关系包括了双方家庭中的所有成员，是复杂的多人多角度的关系，这种复杂的人际关系会影响小夫妻的二人关系，如婆婆对媳妇的某种行为看不惯而传达给儿子，儿子出面规劝媳妇可能就会引起矛盾甚至冲突。不仅如此，婚前恋人之间交往的内容与婚后夫妻交往的内容也有所不同，婚后夫妻交往更多的是实际生活中的柴米油盐等具体事务，也容易产生意见不一致而引发小冲突。

婚前与婚后交往的深度不同。由于婚前交往的时间大大少

于婚后，因此婚前交往的深度低于婚后，而且在恋爱中还存在正式交往的成分，即在交往中故意表现自己的积极面，隐藏自己的不足。因此在婚前，性格、生活习惯等往往不能完全暴露给对方，但是婚后这些方面会一览无遗，也成为矛盾的来源。

那么，新婚夫妻如何才能更顺利地度过磨合期呢？

1.树立正确的婚姻观

要以积极的心态走出婚姻幻想化的误区，婚姻不是夫妻两个人的生活，还与家庭中的所有成员都息息相关。因此，要求同存异，共建和谐的家庭生活，婚后的言行要尽可能照顾到所有的家庭成员，并且要担任好自己的角色，如女方要做好媳妇、嫂子等角色，男方也要担任起女婿的角色，避免角色担任不好而带来的与其他家庭成员的矛盾。

2.夫妻间要相互体谅包容

每个人所受的家庭影响不同，所抱的愿望便可能不同。因此，在生活中存在的一些观念的不一致甚至不理解，夫妻双方要相互体谅、相互忍让。结婚前，一方对另一方往往抱有很大的期望。结婚后，随着时间的推移逐渐发现对方的问题和不足，要包容对方性格上与自己的差异，了解对方的生活习惯，找到双方都能接纳的解决方法，从而减少摩擦，平稳度过新婚磨合期。

3.新婚磨合的摩擦是正常现象

从恋爱进入婚姻生活，两个人的磨合期便开始，要慢慢摸索彼此的生活习惯、脾气、为人处世的方式等方面，从现实生活的角度面对婚姻中出现的问题。在家庭中出现矛盾和摩擦的时候要学会正确处理，即尽可能地控制自己的情绪，避免恶语伤人；尽可能先冷处理，避免冲突升级；尽可能在家庭内部解决，避免动辄“回娘家”。作为丈夫，尤其要多体谅妻子在新环境中的不适应，更多地给予谅解和支持，以尽快安全地度过新婚磨合期。

五、如何巧妙化解夫妻冲突？

小李不清楚自己和心爱的丈夫之间到底发生了什么。回想起刚结婚时的那阵甜蜜恍如隔世，她在家中精心地为爱人准备了一桌可口饭菜，没想到迎接她的却是爱人拉长的脸，也没几句好话，甩手便进了卧室，留下小李冰冷的心。小李冲进卧室就和丈夫吵了起来，面对小李的争吵丈夫也不甘示弱，夫妻冲突就由此爆发。

夫妻之间的矛盾和冲突是不可避免的，关键是如何能巧妙将这些冲突化解。正确处理夫妻冲突是适应婚姻的重要技能，夫妻意见不一致或发生冲突并不意味着夫妻关系恶化，事实上，成功地解决冲突可以加深相互理解，增进夫妻之间的感情。

1.幸福夫妻解决冲突的方式

(1)凡事以温和开场。想要伴侣理解你的话语，开场说话语气温和便是好的开始。许多夫妻间的冲突，往往起于最初互相进行的人格攻击，话里带刺，这样的开头通常会引起“防卫心理”，面对紧接而来的“反击”，怎么做？请只描述事实，而不做负面攻击，摒弃类似“你是不是有病啊？”“为什么你总是……”这种口吻。尽量避免用否定、负面或贬义的词语。

(2)善于表达感受。发生冲突时，心中会怀有不满，如果无休止地抱怨，无法让负面情绪“刹车”，最后既不能让伴侣理解自己

的感受，自己也会掉进责怪别人的负面情绪里。其实，只要调整一下说话的方式，俩人的对话气氛就会和谐而愉快。怎么做呢？用第一人称“我”陈述方式，主动表达感受，如“我很担心”“我很难过”。还要多说“我们”。“我们”表明说话的人很关注对方，站在双方共有的立场上看问题，把焦点放在对方身上，而不是时时以自我为中心。然而，许多人习惯先找伴侣的不足，希望对方能够先行改变来迎合自己的需要，如“我觉得你……”，常会给对方有一种要开始批评了的预感，如果在讨论解决方案时，多说“我们”，会让伴侣感觉更受尊重。

(3)关注可以解决的问题。婚姻中存在着分歧，有些分歧是可以相互接纳和妥协的，但有些很难达成共识。要把精力放在可以解决的部分，懂得尊重彼此之间的差异，学会有效沟通，寻求共同的生活意义，让生活更美满。

(4)用宽容的心去面对。每个人都会有这样或那样的缺点，一个人的缺点，在懂得宽容的人眼里，有可能就变成了优点；人也都是有优点的，但在挑剔的人眼里，优点也可能变成缺点。所以，用宽容的心去欣赏每一个人，就会发现世界很美，阳光很灿烂，婚姻生活很幸福。

在柴米油盐的日子里，再恩爱的夫妻也会有吵架拌嘴、脸红面赤的时候，夫妻生活在一起难免产生冲突，如何恰当地处理冲突才是关键。

2.处理夫妻冲突的原则

(1)在冲突中双方必须放弃“输和赢”的这种对抗态度，通过妥协很可能双方都可以赢。

(2)遇到冲突，就事论事，不翻老账，不揭短，不借题发挥。

(3)换位思考,将心比心,设身处地为他人着想。

(4)尊重对方的感受,不轻视对方。

(5)积极面对,不逃避问题,不轻易使问题发展到不可收拾的地步。

(6)努力寻找冲突原因。

(7)在冲突中避免针对双方的任何一位亲人。

(8)进行正面舒缓,不压抑怒气。

(9)学会说:对不起,原谅我,我爱你。

(10)用心、细心、留心地聆听对方讲述。

相关链接:

夫妻解决冲突的方式测试

指导语:该问卷意在了解夫妻中存在的冲突与解除冲突的感受、信念及态度。主要包括夫妻对识别与解决冲突是否坦诚相见,对其解决方式是否感到满意。以发现夫妻解决冲突的方式中可能存在和需要解决的问题。请注意,条目中的“我们”,均是指你和你的配偶。

1. 当讨论某一问题时,我通常感到配偶是理解我的。

2. 当我遇到困难时,我总是告诉配偶。

3. 有时,我觉得夫妻之间的争执没完没了,从来得不到解决。

4. 当夫妻间出现意见不一时,我们开诚布公地交流感受和决定怎样来解决它。

5. 当我们争吵时,我通常不去想这是我的过错。

6. 为了尽早结束争吵,我常立即让步。

7. 我和配偶就如何采取最佳方法解决矛盾常常意见不一。

8. 有时在一些不重要的问题上我们常产生严重的争执。

9. 我尽量避免与配偶发生冲突。

10. 我经常感到配偶没有认真对待我们的分歧。

每一条目均采用5级评分制，具体说明如下：

负性	正性
确实是这样1分	确实是这样5分
可能是这样2分	可能是这样4分
不同意也不反对3分	不同意也不反对3分
可能不是这样4分	可能不是这样2分
确实不是这样5分	确实不是这样1分

请注意计分。如果其条目为“负性”，该项则从“确实是这样”到“确实不是这样”1—5分计分。如果某条目为“正性”，则从“确实是这样”到“确实不是这样”5—1分计分，依此类推。

1—5为“正性”的条目。

6—10为“负性”的条目。

分值：将10条各个单项分相加，即为总分。

结果分析：评分高，表明对解决冲突的方式满意，大多数冲突能够解决。

评分低，表明冲突往往不能解决，对解决方式也不满意。

资料来源：美国明尼苏达大学Olson教授编制的《OLSON婚姻质量问卷》，见陈立人、史春宜《心理健康与心理咨询》，中国石化出版社2004年版。

六、怎样平息夫妻间的愤怒情绪?

杨梅最近总为一些鸡毛蒜皮的事和丈夫闹矛盾,情绪激动,老发脾气哭鼻子,丈夫一点也不理解她,杨梅觉得婚姻之中到处都是问题,又不知道怎样解决这些问题,她该怎么办呢?

夫妻居家过日子,没有勺不碰着碗的,“床头打架床尾和”“夫妻没有隔夜的仇”。夫妻相处之道的关键是如何正确对待争吵中不合理的愤怒情绪并很好地化解它。常用方法有以下几种:

1.善于耐心倾听

这是一种非常实用的方法,然而却被许多人忽略。要知道,夫妻产生的误会和矛盾,多数就是由于你完全不听他人的意见而引起的。倾听也需要耐心,特别是当对方唠唠叨叨时,更是如此。当你对某件事感到愤怒,将要发火时,不妨先冷静一阵,听听当事者的诉说,往往这么一冷静,争吵也就避免了。当矛盾出现时,要深刻认识对方的性格,理解对方心情,矛盾自然而然就少了。

2.主动给对方台阶

夫妻之间不存在面子问题,只要主动给对方个台阶下,夫妻必将“一笑泯恩仇”。夫妻在争吵中,一定要就事论事,坚持以理服人,不能什么话解气就说什么,更不能把离婚挂在嘴上,不能互相揭短。把握好“吵架”的分寸,如果不慎把对方惹急了,还会因情绪失控而引发意想不到的严重后果。夫妻发生纠纷时吵几句是正常现象,有建设性的吵架会让彼此相互理解,两个人的感情也会因此更亲密。

3.防止情绪激化

可以采取缄默、回避、转移、幽默等方法。幽默是生活的调料，是夫妻闹矛盾时必须掌握的一条妙法。大哲学家苏格拉底有些“惧内”。有一次，苏格拉底正和客人谈话，其妻闯进来打骂丈夫，并将一桶水浇到他头上，苏格拉底笑着对客人说：“你看，你看，我早就知道，打雷之后，接着一定是下雨。”既摆脱了难堪，又避免了与妻子一场争吵。

多为对方考虑。俗话说：“一个巴掌拍不响。”夫妻之间发生不和，一般双方都有责任。因此，夫妻双方要主动扪心自问，查己不足，看彼长处，多站在对方的角度考虑或主动承认错误。生闷气，不理人，只会扩大矛盾。一旦夫妻关系僵持，要及时沟通信息，求得谅解，一方加倍体贴对方，尽量为对方多做些事。

4.缓和夫妻关系的办法

假如夫妻矛盾一时难以缓和，关系出现了小裂痕，那不妨按照下面的建议去做。

(1)要深刻认识对方的性格，试图理解对方，而不要试图改变对方。

(2)不要过于敏感地认为对方的语言、行为都是对自己的指责。

(3)一味地批评不能解决问题。不试图战胜对方，多考虑对方的委屈与难过。

(4)为了不再犯同样的错误，要总结经验教训。

(5)即使别人讨厌自己，自己也决不能讨厌自己。

(6)对于自己不爱的人，不要伪善地假装爱他(她)。

(7)预测一下对方将要做的事情，并以此为乐。

(8)根据情况需要，在心理上保持一定距离。

(9)慢慢来，不要急于提出自己的主张。

(10)对方发脾气，你保持沉默，待对方气消后，再耐心交换意见。

(11)对方动气时，你要马上理智地想到转移法，去干你的事或与别人聊天。

(12)在难以直接打破僵局的时候，根据情况采取一些迂回策略。

七、如何促进夫妻间有效沟通?

商萍与丈夫为装修房子的事闹过多次不愉快，每次都是以大吵大闹而收场，商萍也一直在反思，是自己个性太强，还是丈夫太较劲。好像一直也没有明确的答案。商萍觉得丈夫很不尊重她，因此情愿丈夫误解自己也懒得解释。其实，商萍心里的不痛快大多数是由沟通问题引起的。她该怎么办呢?

商萍所面临的是夫妻怎样才能更好地有效沟通的问题。夫妻关系与其他的人际关系不同，是一种典型的情感型人际关系，因此要充分利用夫妻之间的情感性特征，进行有效的沟通。在夫妻关系中，一个有效的沟通能够很快解除夫妻之间的误解，化解矛盾。相反，无效的沟通会像一颗定时炸弹，让爱情化为灰烬。沟通是解决婚姻问题的第一把钥匙，是维持夫妻关系的基础。那么夫妻之间如何有效沟通呢?

1.有效沟通需遵守三原则

沟通需要互动，将准确的信息传递给对方；沟通过程中不可忽视双方性格；同时，夫妻沟通要平等，彼此尊重和谅解。

2.沟通要明确具体

把心中的想法清楚地说出来，直接表达内心真正的感受与需要，避免暗中期盼与猜疑，用正面请求，而非“负面”抱怨的方式来沟通。如商萍不对丈夫说出她的真实感受，丈夫就会以为妻子并不在意他的评价。

3.沟通要理智

受“自己人”观念的影响，夫妻之间会充分表达自己的情绪，甚至会把在其他地方、对其他人不会表达的情绪表达出来而不加以控制，比如一个看似温文尔雅的丈夫会因为妻子的一点小过失而大嚷大叫。其实，伴随着强烈情绪的沟通往往使对方产生抗拒的心理，不接受他人的意见，从而达不到沟通的效果。适当的妥协和宽容才能让婚姻幸福。

4.沟通要及时

夫妻之间由于相处时间多，更需要及时的沟通，避免矛盾和负面情绪累积而导致不可弥补的后果。及时沟通的重要性还在于可以趁对方对事件的感受还没有消失，及时纠正对事件的意见，不至于等对方忘记了再提起而产生“秋后算账”的感受。夫妻之间床头吵架床尾和，尽量不要让矛盾隔夜，隔夜之后小事也会变大，很容易变得一发不可收拾，很多时候一个温柔体贴的拥抱就会让一切矛盾烟消云散。

5.沟通要尊重理解

在沟通之前一定要理解对方，理解是一种心与心的对话，用心感受对方所说的话，读懂彼此的非语言信息。切忌语言暴力，不出伤人之言。不要话里带刺，否则会严重影响沟通。带刺的话会引起夫妻对立，破坏两人的自尊心与婚姻关系。同时注意提高性生活质量，增加夫妻间的情感连接。

相关链接：

夫妻交流方式测试

指导语：该问卷意在了解夫妻间交流的感受、信念与态度。主要包括对配偶发出与接受信息的方式的评价；对夫妻间相互分享的情感与信息程度的主观感受；以及对夫妻间交流是否恰当的评价。该问卷可以发现夫妻交流的方式中可能存在和需要解决的问题。

1. 向配偶表达我真实的感受是非常容易的。

2. 我希望配偶更愿意与我分享他/她的感受。

3. 我非常满意夫妻之间相互谈话的方式。

4. 因为担心配偶发脾气，所以我不总是把心里的一些烦恼告诉他/她。

5. 我说话时，配偶总是认真听着。

6. 当夫妻间出现矛盾时，我的配偶常沉默不语。

7. 我的配偶有时发表一些贬低我的意见。

8. 有时，我不敢找配偶要我需要的东西。

9. 有时，我很难相信配偶告诉我的每一件事。

10. 我经常不把我的感受告诉配偶，因为他/她应该体会得到。

每一条目均采用5级评分制，具体说明如下：

负性	正性
确实是这样 1 分	确实是这样 5 分
可能是这样 2 分	可能是这样 4 分
不同意也不反对 3 分	不同意也不反对 3 分
可能不是这样 4 分	可能不是这样 2 分
确实不是这样 5 分	确实不是这样 1 分

评分方法：如果其条目为“负性”，该项则从“确实是这样”到“确实不是这样”1—5 分计分。如果某条目为“正性”，则从“确实是这样”到“确实不是这样”5—1 分计分，依此类推。

1—5 为“正性”的条目。

6—10 为“负性”的条目。

分值：将 10 条各个单项分相加，即为总分。

评分高，表明受试对夫妻交流方式与交流量感到满意；

评分低，表明交流有缺陷，需改善交流技巧。

资料来源：美国明尼苏达大学 Olson 教授编制的《OLSON 婚姻质量问卷》，见陈立人、史春宜《心理健康与心理咨询》，中国石化出版社 2004 年版。

八、如何消除夫妻间的猜疑？

小珍的丈夫是村会计，且待人和善，找他办事的村民很多。一天，小珍在路上遇到一个亲戚，亲戚问：“怎么就你自己？我刚才好像看峰锋和一个女的在一起，我以为是你们两个，隔得远，叫了好几声也没理我。”小珍听了之后很不是滋味，回去就试探问峰锋今天干吗去了，跟谁在一起。峰锋忍无可忍，冲小珍发火，说她不信任自己，别人说一句话就猜疑他。峰锋的态度让小珍更是不安，她认为自己随便问问，不至于让峰锋有这么大的反应，更加觉得他心中有鬼，两个人大吵一架，并冷战了半个月。

猜疑心理是人际关系的一种腐蚀剂，也是一种心因性的精神过敏或精神障碍。猜疑心理就是无客观依据地猜测，怀疑别人会对自己不利。特别是对于夫妻，猜疑往往引起祸端，尤有破坏性。从心理学角度看，这是一种偏执心态，对一些涉及自身的现象，捕风捉影，道听途说，无中生有地起疑心，对人对事不放心，见到风就是雨，陷于被假象笼罩的深渊而茫然不知。怀有这种心态时，总是从主观想象出发，去分析、看待问题，带有片面性和形而上学的色彩。

造成这种偏执心态的原因，从根本上说，疑心病重是夫妻间信任原则缺失的表现。夫妻间不能坦诚相待，各揣心眼，就难免对一些言行或玩笑顿生疑窦，为猜疑心理大开绿灯。信任机制对于双方来说是非常重要的。一旦破坏，恢复到以前并不容易。

导致猜疑的偏执心态的另一原因，是心理定式的作用。构成定式的心理因素是将某些感知经验不加仔细分析就整合为一种心理状态，继而对随之而来的知觉活动产生影响。电视剧《难舍真情》中的妻子侯淑贤，怀疑丈夫汤开元与其他女人关系暧昧。她以女文学青年麦小文给汤开元的信和习作为证据要挟丈夫，总觉得自己理据充分，整天大吵大闹。这种行为，一方面暴露了她在夫妻差距面前的自卑心理，另一方面也反映了她将自己封闭在这种思维定式之中，制约着她接受一切与之有冲突的其他信息，使她无法摆脱自寻烦恼的痛苦。我国古代有一则十分有名的故事，叫疑人窃斧，风趣地刻画了猜疑者的心态，即非正常的自我暗示。猜疑心理的另一个原因可能是自卑和过度敏感。

消除猜疑心理，可以注意以下方面：

1. 要培养理性思维

在消极的自我暗示心理下，人们往往会觉得自己的猜疑顺理成章、天衣无缝。产生这种心理的主要原因是心胸狭窄、目光短浅、气量不足。要培养理性思维，防止感情用事，多观察、多分析，学会严于律己、宽以待人的处事方法。别人对自己的一些小疏忽、小的恩怨，不要过多计较、耿耿于怀，要有雍容大度的气量。

2. 要信任丈夫

猜疑者对人际关系存有不正确的价值心理，总是以一种怀疑的眼光看人，对丈夫怀有戒备心理，不肯讲真话，或戴着一副假面具与人交往，使人反感。信任是一个双向的过程，只有诚心地对待别人，别人才能诚心地对待你，信任别人必然能赢得别人的信任。信任是处理好人际关系的重要法宝，也是克服猜疑心理的重要方法。

3. 要全面看待人

猜疑者往往把别人想得太坏，把事情看得太糟，把问题分析得太复杂，靠主观想象下定论，往往与事实不符。遇到猜疑苗头时，要学会全面、辩证地看待人和处理事。对已发生或即将发生的事情做到不轻信流言，不主观臆测，多想别人的好处，多看别人的长处，进行积极的自我暗示。这样可将猜疑之念扼杀在萌芽之中。

4. 要及时解惑

猜疑往往是心灵闭塞者人为设置的心理屏障。在婚姻生活

中，夫妻间难免发生彼此误会的事情。只有敞开心扉，将心灵深处的猜测和疑虑公之于众，或者面对面地与被猜疑者推心置腹地交谈，让深藏在心底的疑虑来个“曝光”，提高心灵的透明度，才能求得彼此之间的了解沟通、增加相互信任、消除隔阂、排释误会、使矛盾获得最大限度的消解。

九、怎样在婚姻中保持爱情?

林意和吴冰结婚几年了，感觉感情渐渐淡了。两人常常因为一些鸡毛蒜皮的小事吵得不可开交，曾经的温情荡然无存。最近吴冰每天出去打牌或跟朋友玩到很晚，夫妻两人没有交流时间。林意感觉很失落，不知该如何增进夫妻感情?

夫妻两人的关系并不是一成不变的，是不断发展变化，甚至常变常新的。要学会为爱情保鲜，让婚姻生活更美好。想知道你的婚姻多少度？请用“婚姻温度计”，为自己的婚姻或亲密关系量量温度。

1.婚姻状况测量

这份婚姻测量工具由心理学家史丹利(Dr. Stanley)博士所设计。共有8题，可以按1—3分来计算。

“从未”或“极少发生”计1分，“偶尔发生”计2分，“经常发生”计3分。

请依据下面8种状况，自行评分。

(1)小小的争执，突然变成大吵，彼此凶狠对骂，翻出陈年旧账。

(2)伴侣或爱人会批评、轻看我的意见、感觉与需求。

(3)我的话语或行为常被伴侣误认为带有恶意。

(4)有问题需要解决时,我们似乎总站在敌对的立场。

(5)我不太能告诉伴侣我真正的想法与感觉。

(6)我会认真幻想着,要是换个伴儿不知是何滋味。

(7)在此婚姻爱情关系中,我觉得很寂寞。

(8)我们吵架时,总有一方不愿再谈,开始退避或离开现场。

当你把各题的分数加在一起时,如果总分在8—12分之间,你们的婚姻状况很健康。如果总分在13—17分之间,你们的婚姻状况需要警惕,努力改进。但如果总分超过18分,你们的婚姻已经进入极危险的状态,需要马上采取行动,在沉船之前赶快把洞补好。

做此测验时请注意,你对婚姻的评分很可能有异于你配偶的评分,如果双方都愿意,你们可以分享各人评分的结果,借此良机,好好深入沟通,互相了解并反省自己的不足、需改进之处。

2.处理婚姻生活的注意事项

(1)学会发自内心的关怀。婚后夫妻间经常因为更多地关注家庭事务而忽略了对方,尤其是孩子降生之后妻子将更多的精力放在照顾孩子上,让丈夫倍感冷落。因此,不管家务多么烦琐,夫妻双方都要始终把对方放在重要的位置,满足对方需求与满足自己的要求一样的重要,关心对方,关注对方。学会用心,用关爱的心,用尊重的心,倾听对方的需求,夫妻才能走好婚姻的征程。

(2)学会取悦爱人。很多人认为“都老夫老妻了,又不是谈恋爱,没有必要表达了”。其实不然,别说谈恋爱需要热情,婚姻更需要热情,只有热情的存在,双方感情才会更加亲密。而传统的婚姻观更加强调婚姻的责任,不注重爱的表达,久而久之,对方感觉不到自己的爱，就会产生怀疑。正确的做法是夫妻双方经常采用各种方式表达对对方的爱，哪怕一句温暖的话，一件小礼物，一个眼神，都可以为感情增色。不要因为家庭生活的平淡无味而忘记表达爱意，要把自己的情感和自己爱人的情感作为珍贵的和独一无二的植物给予培育。夫妻双方都要用心了解爱情的实质并遵从那些基本规律。不要因为短暂的不快就否定彼此的感情。

(3)学会好好说话。要想保持适合的婚姻温度，学会好好说话就显得最为重要。说话之道，其实就是夫妻相处之道，所谓夫妻恩爱，就是好好说话，夫妻的事要商量着说，相互商量会产生“共情”的效果。好好说话，不仅能加深夫妻感情，也能使孩子在温馨幸福的家庭生活中得到滋养，学会以这样的方式和别人温柔相处。

总之，婚姻是一段漫长的旅程，美满的夫妻关系并不是可遇而不可求的，只要夫妻有足够的信心与爱心，幸福的婚姻生活目标一定会实现。

十、如何应对婚姻中的移情别恋?

咪兰的丈夫有婚外恋，常常不回家睡，孩子发高烧，咪兰叫丈夫留在家里陪陪孩子，结果丈夫还是出去了。咪兰很伤感。怎样才能让丈夫摆脱“第三者”呢?

第三者插足，对婚姻具有很大的杀伤力，是造成家庭分裂的祸根。这种情况意味着有一些问题要解决了，婚姻当中有一些东西急需要改善了。丈夫婚外恋可能有五个心理因素:第一，对婚姻产生的倦怠感。夫妻多年相处，彼此熟悉，忽略了表达感情、相互沟通交流等环节，导致丈夫对婚姻产生倦怠。第二，好奇心。

想在平淡生活中猎奇的心理。第三，从众心理。有部分男性会因为看到别人有外遇而觉得自己也可以去试一试。第四，补偿心理。感情不和或者夫妻性关系不和谐，而去寻找婚外情的。第五，互利心理。为了某种双赢利益关系而产生的婚外情。当妻子发现丈夫有了婚外恋，怎样让丈夫摆脱第三者就需要讲究心理对策了。

1. 要冷静隐忍

发现了婚外恋，两人之间吵也好、骂也好，暂且不要诉诸外人，不要轻易使矛盾激化。从心理学的角度来说，夫妻是一个封闭的小群体，这个小群体是两人的小天地，外人是不得进入的。否则只会使丈夫在人前抬不起头，还有可能迫使丈夫横下心来破罐子破摔，与第三者同病相怜、相依为命，使丈夫与第三者的感情更近。

2. 适当地倾诉

丈夫有外遇，自己心里难受是必然的，但很多人因为放不下面子而不敢跟人说。其实这时候，跟能够信任的亲戚朋友倾诉自己内心的感受，有助于消极情绪的宣泄。在丈夫有外遇时若有亲戚朋友的心理支持，对自己保持冷静的态度、采取正确的措施都是有益的。

3. 要理智对待

作为妻子发现丈夫有了外遇，首先要保持冷静的态度，理智对待，找出他外遇的真正原因和动机，对自己的丈夫做个正确的判断。丈夫有了外遇，妻子感到愤怒委屈是可以理解的，但是要努力控制住自己的情绪，冷静地把情况搞清楚，不能不问青红皂白来个“一锅煮”，使夫妻矛盾激化。要采取相应的正确的对策，当找到属于自己的原因时，要诚恳地向丈夫认错，在以后的日子里修正错误，重建亲密感。

4. 不在孩子面前揭短

真正爱护子女的家长，即使配偶有外遇，夫妻双方在孩子面前也要像正常时候一样。要注意在孩子面前保持作为家长的尊严。不管夫妻感情如何，不要在孩子面前大吵大闹，若孩子也在家中，要尽量支使孩子出去，否则也只能暂时忍耐一下。

5. 要动之以情

要做丈夫感情的转化工作。向丈夫说明外遇对他自己、对家庭、对子女的危害性等，使丈夫对自己的错误有正确的认识。在此过程中，妻子要动之以情，利用夫妻感情以及子女与丈夫的感情来感化丈夫。生活上更加关心，感情上更加体贴。发现丈夫有外遇，严肃批评是应该的，但同时在生活上要更加关心，感情上要更加体贴，使丈夫更加感受到妻子的温暖，认识到妻子的宽宏大度，但这绝不是迁就丈夫，屈从丈夫。如果骂声不断，正当的活动也备受限制，处处监视，日夜盘问，只能加大自己与丈夫的心理距离，使丈夫寻找第三者的感情温暖。

6. 要防患于未然

家庭问题上的“第三者”涉足，觉察得越早越容易解决，并能切断第三者插足的路径。根据情况，自己或通过朋友做好第三者的工作。谈话时要和风细雨，要采取个别保密的方式，不要公开，切忌大吵大闹。谈话的目的是使第三者认识错误，感情上受到震动，使其逐步改变对丈夫的不正常感情。

7.必要时采取法律手段解决

如果上述方法均无效，丈夫与第三者的关系越来越密切，不正常的关系越演越烈，那就不能迁就和姑息，要采取法律手段予以解决。

十一、怎样正确看待离婚?

沈莹的丈夫沉迷赌博，夫妻俩为此事经常吵架，丈夫赌输了就回家打她和孩子。家人多次规劝，赌性仍然不改，夫妻感情破裂，最后离婚。离婚虽然解决了沈莹生活中的矛盾和冲突，但沈莹觉得自己在这场婚姻中付出和失去的太多了，自己是个感情上的失败者，心里依旧痛苦，生活郁闷。

1.离婚带来的心理冲击

应该说沈莹选择离婚是需要很大的勇气的，这给她带来很大的心理冲击：

(1)离婚带来的痛苦心理。婚姻的破裂，通常伴随着感情的痛苦和必须面对家庭残缺不全的现实。首先，经济压力加大，只能靠一个人的经济收入维持家庭的生活；其次，家务负担加重，特别是抚养孩子的一方很艰辛；再次，心情变得郁闷，如没了感情交流、家庭温暖，没有了性生活；等等。

(2)离婚带来的仇恨心理。虽然想忘记过去的一切，重新开始新的人生，但事实上，摆脱离婚所造成的心理阴影是十分困难的。

(3)离婚带来的自卑心理。由于社会上对离婚的传统偏见，人们往往不问青红皂白，一概加罪于女人，即使女人是离婚的受害者，也常被周围人指指点点，甚至遭到冷嘲热讽，致使离婚女人自尊心受挫，声誉下降，一时抬不起头来。

(4)离婚带来的孤僻心理。虽然离婚解决了婚姻生活中产生的矛盾和冲突，获得一种暂时的安定感。但是，过去形成的家庭人际关系一旦崩溃，失去群体生活后，无论如何总会产生凄凉、孤独的感觉。这种孤独状态，有害心理健康。

(5)离婚带来的畏惧心理。离婚者不堪心理和生活的痛苦折磨，会如落水者一样近乎本能地寻求解脱。但年龄渐长，又加上孩子、财产等复杂因素，使不少再婚者将感情放在次要位置，往往为了能更容易地生活而随意结婚。还有一部分人“一朝被蛇咬，十年怕井绳”，渴望新的婚姻但又怕婚姻破裂的悲剧重演。

2.尽快走出离婚痛苦的方法

“山重水复疑无路，柳暗花明又一村”，既然是自己的选择，就要担当起选择的后果。怎样使自己尽快走出痛苦，开始新的生活呢？

(1)珍惜自己。要改变认知，离婚不是天塌地陷，很可能是重新获得幸福快乐的契机。要相信离婚所带来的悲伤和不幸只是暂时的。第一次婚姻失败不是永远的失败，关键是从失败的婚姻中吸取教训，让自己成熟起来。

(2)自强自立。靠自己的能力和劳动生活，不依赖别人。勇敢地接受婚变，追求新的自由幸福。

(3)坦然面对。不怨天尤人，坦然接受现实，合理地解决财产分割、子女抚养等问题，做到好离好散，学会放弃和遗忘，减轻离婚的痛苦。

(4)适度宣泄。一个人遭受挫折后，容易产生紧张、焦虑等不

良情绪，这种不良情绪必须通过某种方式宣泄出来，才能保持心理平衡，维护心理健康。如果这种不良情绪得不到宣泄，那么，随着不良情绪的增加，人的心理平衡会被破坏，危害心理健康。多参加社交活动，把业余生活安排得紧凑些，能自然地排遣心中的忧伤，逐渐恢复良好的心态。

(5)维护孩子的身心健康。无论是在离婚过程中还是离婚之后，都要注意维护孩子的身心健康。

离婚本无奈，愿广大女性挥别昨日种种，重新扬起生活的风帆，走向快乐幸福的人生。

十二、怎样克服再婚心理障碍?

郭娟已离婚几年了，现在遇到一个喜欢的人，男方想跟她结婚。但郭娟因前一次婚姻的痛苦经历，犹豫不决。

女性再婚一般有两种原因：一是离异，二是丧夫。离异的女性，她们曾经历感情危机、家庭破裂的心理创伤，这种阴影始终笼罩着她们。她们对再婚会更加小心谨慎，避免产生裂痕。而丧夫的女性，她们的悲伤情感、心灵的创伤较难在短时间里愈合。

1. 再婚女性一般会有的心理障碍

(1)怀旧心理。不管是出于什么原因决定离婚，离婚后自己要面对与接受一个事实，一个人不会把过去曾有的婚姻彻底遗忘。过去一起生活数年、有过亲密关系和感情的配偶，不会在一夜之间就把他忘得一干二净。若再婚后时常流露出对前婚配偶的怀念之情，这种怀旧心理最易引起再婚配偶的痛苦。这类情况多见于前婚夫妻感情深厚，一方因病或意外事件而亡故的再婚者。

(2)比较心理。这种心理的存在很容易伤害对方的感情,也极易使重建的家庭再度破裂。用原配偶的优点与现配偶的缺点进行比较,事事挑剔,责备求全,在日常生活中会引起麻烦。自尊心不被尊重,会激起人内心强烈的反应。在感情问题上尤其如此。因为在比较的时候,对方会感到自己被贬低了,自尊心受到伤害,如果不能纠正,就会造成夫妻感情上的裂痕。

(3)自卑心理。这是再婚夫妻最常见的一种心理障碍。尤其是一方结过婚,而另一方初婚时,前者的这种心理更为突出。自己看不起自己,甚至自暴自弃,影响情感。所以,夫妻双方应当消除自卑心理,理直气壮地去爱自己所爱的人,使之内心的自卑心理渐渐得到化解。

(4)习惯心理。在第一次婚姻中可能已经养成了各自的兴趣、爱好和生活习惯。再婚后要改变其行为方式,相互之间适应是需要一定时间的,特别是性生活习惯,如果互相不去了解和熟悉对方的欲望、要求和技巧,很可能导致性生活的不和谐,引起双方的不满。

(5)自私心理。再婚后产生自私心理偏袒自己子女。初婚家庭的子女用血缘这条固有纽带,把父母黏合在一起,而再婚家庭的子女因无血缘关系,容易滋生矛盾而起离间作用。

(6)戒备心理。再婚夫妻鉴于前次婚姻的破裂,常会产生戒备心理。玩心眼、留后手、闹独立,这会使家庭名存实亡。再婚家庭有时会发生经济纠纷,一个重要因素就是孩子的抚养问题。另外,若一方给予前配偶一些资助,另一方也会不自在。

2. 摆脱再婚不良的心理

(1)尽快克服心理偏差。与初婚心理适应不同的是,为了尽

快消除前夫所遗留下的心理影响，再婚时要改变与前夫形成的生活模式。改变往往比形成难，与此同时有意无意会将现配偶与原配偶相比较。再婚者虽然有过一次婚姻，但是在新的婚姻关系中仍然存在心理适应的问题。特别是见到旧人的物件时最容易引起联想，在内心形成冲突、无所适从心态。必须消除消极的对比心理，这才有助于在新组合的家庭中扮演好称职的角色，从而提高现实婚姻的质量。

(2)拉近心理距离。要多看到现配偶的优点和长处，尽快缩短与现配偶的心理距离。对于再婚夫妻，这种发现尤为重要，因为只有不断地发现，才能使之在彼此眼里变得完善，才能淡化对各自前配偶的印象，才能让两颗心贴得更近。新的配偶跟前夫有所不同，不能以过去的经验来应付新的配偶，要认识到新配偶的个人心理与期待。适应新的婚姻关系是一个重要的过程，这个过程有时不会那么顺利，可能会引起新配偶的猜疑、误会、嫉妒、生气等现象。所以，自己应该学会去跟新配偶沟通，取得他的谅解与协助是关键。

(3)重建子女关系。继家庭的亲子关系，重建问题也是再婚生活是否幸福的重要因素。一般来说，人们对第二次婚姻寄予希望，但到后来才发现困难重重，配偶的子女往往对继父母充满敌意，在一定程度上影响了婚姻。所以再婚容易在自私心理的作用下，各自偏袒自己的亲生子女，由此使家庭战火常燃。如何让前婚子女来适应再婚的关系是客观存在的难题，需小心应付与处理。最容易犯的错误是，要求孩子把继父当作“父亲”，因为对孩子来说，继父完全是生疏的外人，根本谈不上是家人，更不是他们的父亲。急于求成会招来孩子的阻挠与不合作，增加新家庭的麻烦。要知道虽然继父、继母无法代替亲生父母的地位，但既然组建了新的家庭，那么他们也必须承担起相应的抚养及照顾的责任。所以家庭内应当建立一种互相尊重、互相信任、比较宽松的亲子关系，才可以让孩子更好地成长。

十三、如何应对家庭冷暴力？

小李与邻村张某结婚，第二年便生下可爱的女儿，一家三口其乐融融。后来，丈夫张某外出与人合伙做生意，且经常不回家。为此，小李带上女儿找到丈夫，丈夫却不理不睬，形同陌路。小李从朋友那儿得知丈夫张某在外拈花惹草，染上性病。为了家庭和孩子，小李和丈夫多方寻医。丈夫张某的性病治愈，但依旧经常连续几个月不回家。

作为丈夫的张某，一方面在外面“拈花惹草”，另一方面长期对妻子不理不睬，这种行为实质是对妻子小李实施“冷暴力”，两人的婚姻生活名存实亡。所谓家庭“冷暴力”，是指夫妻双方产生矛盾时，漠不关心对方，将语言交流降到最低限度，停止或敷衍性生活，懒于做一切家务等非暴力行为。家庭冷暴力具有极强的隐蔽性，没有伤痕，不见鲜血，但危害都是显而易见的，这是种精神上的折磨和摧残，甚至比肉体伤害更可怕。

冷战是夫妻关系的危险信号之一，可以说是夫妻间的最后一道防线。当婚姻走到冷战这一步，已经表明婚姻中存在很大的问题。其他问题还可以通过沟通去改善，去解决，而冷暴力已经阻断了沟通，夫妻慢慢形同陌路。

那么，遭遇家庭冷暴力，该怎么办？

1. 用积极的沟通方式

感情出现了危机，要尽量主动与对方沟通和交流，主动去化

解，缓和夫妻之间的矛盾和紧张气氛。千万不可以沉默、冷淡、漠视对抗对方的“冷暴力”。把自己所受的委屈与伤害告诉对方，如果对方能理解自己也是受害者，僵局就有可能打破。冷战的起始点，往往是受伤而无从表达，许多人宁可耗着，使得问题越弄越僵，于是愤而冷战。在有矛盾或意见不一致时，要学习就问题做主动、坦诚的沟通，积极的沟通方式不仅利于缓和夫妻间的矛盾，也有益于营造和谐的家庭氛围。

2.分析冷战的原因

辨明什么样的行为会破坏双方感情，不把误解扩大蔓延。并尝试着换位思考，多替对方想想，寻找到一种化解冲突的有效方式。改变自己对婚姻的破坏行为，在吵架时不说过激的不理性的言辞，不进行人身攻击。

3.及早缓解僵局

只要一出现不说话的冷战，就应有警惕之心，如果不愿说话，可以采用其他方式交流，比如发个短信等，尽早打破冷战僵局。也可以从孩子的学习、生活等方面的话题逐步地进行交流，达到沟通的畅通。或找一些对方感兴趣的话题，倾听他的观点，尝试与他探讨，但避免过激的争论。在意识到夫妻感情有所变化时，要积极加以应对，及时处理，为婚姻保鲜。

4.寻求多方的帮助

如果两个人沟通有障碍，还可求助于亲戚、朋友、同事进行说和。如果夫妻双方都有意愿去改变冷暴力的现状，而且也付诸了很多的努力，但依然不能有缓和，可以寻求婚姻心理咨询机构的帮助。

5.理性审视婚姻

面对家庭“冷暴力”，要破除“家丑不可外扬”“委曲求全”的观念，当竭尽全力也无法再温暖丈夫的心，自己身心疲惫、痛苦不堪时，要重新审视自己的婚姻，理性地决定是否仍要继续。与其维持一个没有亲情没有爱的家庭空壳，倒不如把自己解放出来，再扬生活的风帆。

十四、怎样应对丈夫的家庭暴力?

王莲非常勤快，不但要去地里干活，家务事也都是由她一个人做。丈夫脾气暴躁易怒，稍不如意就又骂又打王莲，特别是每次喝酒回来，更是无端地打骂，并毁坏家中财物。更为严重的是，有一次丈夫酒后无端对王莲实施暴打，导致王莲闭合性胸损伤及左侧肋骨骨折的严重后果，此次受伤致使王莲住院治疗，事后丈夫多次向王莲道歉并书写保证书。王莲对这样的家庭生活几乎绝望了，她该怎么办?

1.家庭暴力产生的原因

一般来讲，产生家庭暴力的原因有诸多方面。

(1)婚姻基础较差。男女双方缺乏了解，草率结婚，感情基础薄弱，婚后夫妻间又缺乏沟通交流。当在生活中出现或大或小的矛盾时，双方不会理性处理，致使矛盾激化，加之婚姻道德观念缺乏，导致暴力行为发生。

(2)传统观念的影响。如男尊女卑、重男轻女的传统思想意识在广大农村还很强，男性处于社会和家庭的支配地位，而女性处于被支配、被动服从的地位。还有社会上不少人认为“家庭暴

力是家庭内部的事”“清官难断家务事”，从而使施暴者更加肆无忌惮地实施暴力行为。

(3)性格的影响。心理学家提出了相对的两种人格特质：A型人格和B型人格。有研究证明A型人格的人比B型人格的人更具有侵犯性。A型人格者脾气比较火爆，遇事容易急躁，不善克制且好胜心强，如果在日常生活中遇到不顺心的事情，缺乏耐性可能会成为家庭暴力发生的导火索。有的男性在暴力的环境氛围中长大，暴力在他的头脑中会留下深刻印象，他会认为这种方式就是解决家庭问题的一种方法，成年后，就会不自觉地用这种方式处理家庭问题。

(4)大男子主义心理。以自我为中心的丈夫在家庭中容易出现归因偏差。怎样归因在一定条件下决定了丈夫会不会产生攻击行为。如丈夫把妻子的沉默寡言看作性格内向就不会产生反感，如果归因为不爱搭理自己就会愤怒并产生暴力行为。同样，一件具体事情的归因也会成为暴力的理由。一旦妻子不如自己所愿就打骂妻子，丈夫把妻子不声张、默默忍受归因为无能、懦弱、任由欺负的表现，对妻子实施家庭暴力的行为会更频繁。

(5)酗酒和药物。酒精在某种程度上会导致侵犯行为，酒后情绪控制力更差，容易对家人有暴力行为。如果身体内具有一定浓度相应的药物也会激发其侵犯行为。

2.家庭暴力存在认识误区

夫妻“床头打架床尾和”，忍一忍就过去了；家庭暴力是个人隐私，家丑不可外扬；为了孩子要忍耐不离婚；男人打老婆常常是被女人的唠叨逼出来的；“嫁汉嫁汉，穿衣吃饭”，女人一生的幸福就是嫁个好老公。女性教育子女和照顾丈夫是天经地义的事，因此成家后过于依赖家庭和丈夫，并容忍丈夫的暴力行为。

3.面对家庭暴力的做法

(1)要重视婚后第一次暴力。面对家庭暴力，要敢于在第一次的第一时间就说“不”，要让过错方认错并保证以后不再犯，忍让只会让暴力不断循环和不断升级。

(2)发生家庭暴力后要及时告知双方家人，特别是双方父母，取得双方家人的支持和理解，让他们利用亲情的力量感化和帮助教育施暴者。

(3)合理地宣泄情绪。根据自己家里的具体情况，想办法在丈夫可能出现攻击行为之前，将他的愤怒引导到其他方面进行合理的宣泄。平时可以在日常生活中多与丈夫交流情绪控制的方式。

(4)积极寻求法律保护。就近求助，向受害人或者加害人所在的单位、居民委员会、村民委员会、妇女联合会等单位投诉、反映或者求助。报警，公安机关24小时接受报警求助，受害者本人或者法定代理人、近亲属拨打110报警，要求警察制止家庭暴力，及时调查取证。如果受伤，还可以要求警察协助就医、鉴定伤情。要求警察告诫施暴人，还可以要求警察批评教育加害人并出具告诫书。告诫书可以作为法院认定家庭暴力的证据。如果家暴情节严重的，还可以要求依法拘留施暴者，追究刑事责任。向法院申请人身安全保护令，除了禁止实施家暴外，人身安全保护令还可以禁止被申请人骚扰、跟踪、接触申请人及其相关近亲属；责令被申请人迁出申请人住所，以及其他保护申请人人身安全的措施。

寻求临时庇护。如果被迫离家出走，可以到政府设立的临时

庇护场所获得临时生活帮助。申请法律援助，如果需要法律服务，可以向所在地法律援助机构申请免费的法律援助。如果起诉，可以要求法院缓收、减收或者免收诉讼费用。此外，要选择正确的维权手段，切忌“以暴制暴”。

受到严重伤害和虐待时，要注意收集证据，如：医院的诊断证明；向熟人展示伤处，请他们做证；收集物证，如伤害工具等。以伤害或虐待提起诉讼。如果起诉离婚，可以要求法院根据公安机关出警记录、告诫书、伤情鉴定意见等证据认定家庭暴力事实，并要求离婚损害赔偿。

要对婚姻做出理智选择，如果经过努力对方不思悔改、继续施暴、婚姻已无法挽救的，应果断离婚。离婚不失为一种理智的选择，也是目前摆脱家庭暴力的一种方法。

十五、如何对待家庭理财分歧?

姗姗家的财政一直由她管理，平时管得很紧，每一分钱都要精打细算着用，但她的丈夫于先生却非常不理解，最近姗姗和丈夫几乎天天为花钱的事争吵。丈夫在外面办事花钱大方，从来不和姗姗商量。家里经济压力很大，既要还农家乐项目投资的农贷款，又要维持家庭生活日常开支。这些丈夫于先生都知道，可是要他节省点钱比登天还难。该怎么办?

姗姗的丈夫于先生面对妻子的指责也不满，他很苦恼，妻子每天对他口袋里钱的去向盘查得近乎“神经质”。因为妻子管得过死，于先生心理上接受不了，他反而变本加厉地“交际”。

这种矛盾在现代家庭中经常发生。彼此之间不能很好地沟通是这小两口家庭矛盾真正的核心。姗姗应当把金钱问题公开化，与丈夫分享对金钱的看法。人们金钱观念的形成，跟各自的家庭因素、教育因素、个性特点和生活经验的长期影响有关。从姗姗的情况看得出来，她和丈夫的金钱观可能不一致。妻子在当家理财上十分节俭，对于家庭开支，反复权衡，是典型的勤俭持家型“财政主管”。勤俭持家是具有典型意义的当家理财心理，它是怎样产生的呢？究其原因，不外乎这样几条：

1.心理补偿作用

花钱买东西，表面上满足了人们的物质生活需要，实际上也满足了人们的心理需要。钱是劳动者劳动价值的货币体现，是用汗水换来的，如果买的东西物美价廉，消费者便得到了心理补偿；反之，如果买的东西不值得，吃了亏，消费者就得不到心理补偿。

2.解除未来生活忧虑的需要

俗话说，“天有不测风云，人有旦夕祸福”“没啥别没钱，有啥别有病”。未来生活中谁也预料不到将会发生什么事情和变故，以防万一的考虑使妇女十分注重积蓄。有了一定的积蓄，她们就消除了担忧和害怕心理，内心非常安定。

3.传统社会心理的影响

勤俭，向来是中华民族的传统美德，以俭为荣，以奢为耻。衡量女性会不会持家，主要就是看她是否勤俭。勤俭持家的女人，可以在家庭收入不丰的情况下，把生活安排得十分妥帖，要啥有啥，吃穿用都不短缺，日子过得很好。相反，一些收入可观的家庭，由于不会计划，随便花钱，结果日子过得并不好，而且常常出现捉襟见肘的现象。受这种社会情境的暗示，大多数女性都能自觉地勤俭持家。

除了这几种心理因素以外，社会经济发展的限制也是很重要的原因。在以前，由于农村生产力不发达，勤俭节约就成为了不得不实行的客观要求；而如今，随着农村经济水平的提升，农民收入普遍提高，生活质量得到改善，但勤俭节约依然是新时期所要求的美德。所以，勤俭持家的做法不仅是正确的，还应该得到鼓励。

不可否认，当男女两人组成家庭时，不同的金钱观念在亲密的空间里便碰撞到了一起，要应付金钱观产生的摩擦并不是一件易事。夫妻间在理财方面意见的分歧，常常是婚姻危机的先兆。有人说，“夫妻本是同林鸟”，后面却又加了一句“大难临头各自飞”。而这种连理分枝情况的产生，往往是理财不当引起的。

做什么事都是适度为好，过犹不及。提高生活质量是理财的最主要目的，当勤俭持家过分的时候，就会演变成一种牢牢掌握财权，聚敛金钱的欲望。如果把钱控制得过紧，丈夫遇有急事，手中无钱，就会遭到别人的讥笑。在这种情况下，夫妻之间必然会因为财政问题发生争吵。所以，要想避免这种情况的发生，掌管家庭财政的妻子就要学会把握好勤俭节约的度，既要当家理财，又要维护家庭和睦团结。理财的最高境界就是让“钱”的问题巧妙融合在“爱”之中。一切都是为了让我们的爱更融洽、让生活更从容，所以在计算钱财的时候千万别为了计较而计较，让家庭的温馨味道尽失。

十六、如何分配家务劳动?

王蓝家的做饭、洗碗、洗衣服、打扫家、带孩子等家务都是她一个人承担，生活就像上紧发条的陀螺，一圈又一圈，一天复一天地不停旋转，还要到地里去干活，摘茶叶，等等，丈夫从来不分担家务劳动。王蓝最常抱怨的一句话就是："我家老公什么都会干，但就是不干！"王蓝觉得很无奈，她该怎么办？

婚后，谁来承担家务？这是个问题。男人认为：女人在做家务上有着与生俱来的天赋，因为她们更爱干净，更注意细节。女人认为：现在的女性同样打工做活，压力已经和男性一样，为什么非要女性承担家务。

在农村多数男人是不大做家务的，倒不是因为他们懒，而是社会舆论的压力。特别是到了顶烈日战高温的"双抢"时节，夫妻共同忙碌了一天收工回家，晚餐后，一大群主妇在溪滩边洗沾满泥土的衣裳，而男的则在沙坝上一边乘凉一边谈天说地。

家务劳动的分工涉及男性和女性的社会角色问题。"男主外，女主内"是典型的传统性别角色的体现。妇女自古以来就继承了勤劳的美德，家里家外都是一把好手，在家里照顾老人和孩子，承担所有的家务劳动。即使在现代社会中，虽然提倡男女平等，但是传统的性别角色观念在很多人心里依然根深蒂固。在成千上万个家庭中，妇女总是家务劳动的主力，这样的定位使妇女倍感辛劳。该如何对待家务劳动呢？

1. 家务劳动也是经营婚姻

家务劳动是每一个家庭都必不可少的。只要是家庭成员就有义务做，与性别无关。家务事应该是夫妻共同承担的，虽然在农村一般丈夫承担体力活比较累，但妻子又要干活又要做家务事，丈夫主动合作，两个人各管一摊，都承担一份对家庭的责任，这也是一种培养两个人感情和默契的方式，在锅碗瓢盆交响曲中尽情享受生活的乐趣。

家务谁来承担多一点，还得看家庭情况而言。婚后如果女人做了家庭主妇，那家务活儿自然女的要多做些。对于夫妻双方都一样干活的家庭，就应该夫妻双方共同来分担，因为即便女人愿意多做些，丈夫也要知道承担更多是一种体谅。其实两口子感情好才是最重要的，能多做的就多做些，不为做家务而发牢骚、闹矛盾，保持家庭和睦，其他的都不是问题。

2.从家务劳动中寻找乐趣

要调动丈夫的积极性，把家务劳动任务按等级进行划分，分为简单、中等、困难。把比较费时还具有挑战性的任务分配给他，让丈夫感觉到家务带来的成就感，从中得到一种作为男人的小小满足感。平时要表现出对丈夫的欣赏，丈夫做的可能不多，或者不好，千万不要埋怨，埋怨的后果可想而知。千万不要进行比较，要肯定，鼓励，说出他做的这些事对自己的帮助。经常组织一起做家务的活动，全家参与，给孩子丈夫都分配一些力所能及的任务，让大家感觉到这样的生活很温馨。让你的丈夫主动帮忙做家务，最重要的就是要让他养成习惯，让家庭更和睦美满。你应该有信心来改变这一切。

健康素养基本知识和理念

1.健康不仅仅是没有疾病或不虚弱，而是身体、心理和社会适应的完好状态。

2.每个人都有维护自身和他人健康的责任，健康的生活方式能够维护和促进自身健康。

3. 健康生活方式主要包括合理膳食、适量运动、戒烟限酒、心理平衡4个方面。

4. 劳逸结合，每天保证7—8小时睡眠。

5. 吸烟和被动吸烟会导致癌症、心血管疾病、呼吸系统疾病等多种疾病。

6. 戒烟越早越好，什么时候戒烟都为时不晚。

7. 保健食品不能代替药品。

8. 环境与健康息息相关，保护环境能促进健康。

9. 献血助人利己，提倡无偿献血。

10. 成人的正常血压为收缩压低于140毫米汞柱，舒张压低于90毫米汞柱；腋下体温36℃—37℃；平静呼吸16—20次/分；脉搏60—100次/分。

11. 避免不必要的注射和输液，注射时必须做到一人一针一管。

12. 从事有毒有害工种的劳动者享有职业保护的权利。

13. 接种疫苗是预防一些传染病最有效、最经济的措施。

14. 肺结核主要通过病人咳嗽、打喷嚏、大声说话等产生的飞沫传播。

15. 出现咳嗽、咳痰2周以上，或痰中带血，应及时检查是否得了肺结核。

16. 坚持正规治疗，绝大部分肺结核病能够治愈。

17. 艾滋病、乙肝和丙肝通过性接触、血液和母婴3种途径传播，日常生活和工作接触不会传播。

18. 蚊子、苍蝇、老鼠、蟑螂等会传播疾病。

19. 异常肿块、腔肠出血、体重骤然减轻是癌症重要的早期报警信号。

20. 遇到呼吸、心搏骤停的伤病员，可通过人工呼吸和胸外心脏按压急救。

21. 应该重视和维护心理健康，遇到心理问题时应主动寻求帮助。

22. 每个人都应当关爱、帮助、不歧视病残人员。

23. 在流感流行季节前接种流感疫苗可减少患流感的机会或减轻流感的症状。

24. 妥善存放农药和药品等有毒物品，谨防儿童接触。

25. 发生创伤性出血，尤其是大出血时，应立即包扎止血；对骨折的伤员不应轻易搬动。

资料来源：摘自赵国秋，曹承建主编《公民必备健康素养》，浙江科学技术出版社2009年版。

第五章
温暖的第一课堂

关爱的心　崇尚良好家风家教

父母对子女具有极大的奉献精神，这种精神体现在对孩子的关爱之中。孩子的教育问题是父母最头疼的问题，而家庭关系也往往是错综复杂的。孩子需要什么样的父母，如何摆脱网络游戏，父母如何应对孩子的叛逆行为，留守儿童教育等，都可以从本章找到答案。希望孩子健康地成长，只有良好意愿是不够的，父母应重新学习，才能给孩子温暖的第一课堂，成为合格老师。

一、如何传承优良的家风家教?

什么是家风?家风就是一种让家传承的优良传统,简而言之就是一个家庭或家族的传统风尚。小时候,家风就是父母对子女的谆谆教诲和为人处世的潜移默化,使子女有意无意地在模仿中成长,孩子长大后,家风化作一种规范、一种习惯、一份传承。

我们都说,父母是孩子的第一任教师,是孩子最早学习的榜样,孩子在成长过程中形成的社会信仰、规范和价值观等,都会体现出父母的影子,家庭的烙印是通过父母的加热和过滤传给子女的。在家庭中最好的或最坏的道德熏陶下,在善良或邪恶的品格影响下,孩子的性格渐渐成型,所以家庭又被称为“制造人类性格的工厂”。在这所“工厂”里,我们带着被打造出的不同的“模板”走向社会进入新的家庭。我们在新的生活中,感受原生家庭家风的完美和缺陷,再通过自己的努力弥补自己的人生。

良好家风是一种潜在的道德力量,潜移默化地影响着孩子的心灵,是一种无言的教育。有什么样的家风,就有什么品格的孩子。家庭关系不正常,互相指责、埋怨、争斗,孩子感受到的是冷淡、冷酷、敌对情绪,心灵深处就会留下痛苦的伤痕,直接影响到他们今后的生活。家庭成员相互尊重和理解,和睦相处,互相关心,互相爱护,孩子感受到的是和善和美好,就会形成开朗、乐观的个性,他们未来的生活就会有阳光的照耀。

良好家风的形成必须靠家教。“爱子,教之以义方”“爱之不以道,适所以害之也”。良好的习惯要从小事抓起,好习惯养成好性格,好性格决定将来的命运。勤劳、俭朴、待人和气、充满爱心,这些良好品质能让孩子终身受益。身为家长,言传不如身教。

良好的家风是给孩子最好的礼物。良好的家风主要包括了：讲究道德、诚实守信；重视学习，崇尚知识；勤俭持家、尊重劳动；家庭和睦、合理教子；尊老爱幼、邻里互助。

二、如何走出家庭教育心理误区？

家庭教育是家长对孩子的言传身教，往往体现在非智力因素方面。家庭教育，就是对“根”的教育。就是让孩子成为一个合格的社会人。遗憾的是，有些家长在孩子的学习上很舍得花钱，不惜砸锅卖铁，但家庭教育却十分缺失。不当的家庭教育对孩子的一生都会产生重大影响。在家庭教育中普遍存着以下误区。

1. 溺爱过度

做父母的大都知道溺爱孩子有害，却分不清什么是溺爱。一些家长对孩子百依百顺、有求必应，以为爱孩子就应该满足孩子的所有要求，但忽视了父母作为教育者对孩子应有的教导社会规范的职责。后果是孩子变得自私自利，性格骄横乖张、一切以自我为中心，将来难以适应社会。正如苏联教育家马卡连柯所言：“父母对孩子爱得不够，子女就会感到痛苦；但是过分的溺爱虽然是一种伟大的感情，却会使孩子遭到毁灭。”

作为父母要用正确、科学的方法教育孩子，给孩子正确的爱，让孩子健康快乐成长。

2. 期望过高

许多父母对孩子期望过高，忽视了孩子的实际情况。父母对孩子的期待，要以孩子自身作为参照。期望过高会使孩子生活在强大的心理压力之下，甚至产生焦虑，不利于健康成长。我国著名教育家陶行知先生说过:“教育孩子莫做人上人,莫做人外人,要做人中人。”所谓“做人中人”,就是要在平凡的生活中体验人生的价值,成为一个真正的人。有些家长把自己做不到的事情的希望压在孩子身上,只想望子成龙,望女成凤,将来出人头地,为家长脸上增光添彩,这很不利于孩子的健康成长,甚至会事与愿违。

父母要有一个平和的心态,全面衡量子女的能力,遵循孩子身心发展的规律,尊重孩子的年龄特征和个性特征,给予适当的期望和要求,并根据期望采取积极的适合的教育方式,做最大的努力,接纳当下,循序渐进。这样,将更有利于孩子的学习和身心发展,让孩子更强大。

3.管教过分专制

不尊重孩子,再好的教育也会失效。很多家长不尊重子女的人格和个性,以权威口吻规范孩子的举动,强迫子女完全按照家长的意志行事。很多家长把打孩子当作是家长的权利。“棍棒之下出孝子”“不打不成材”,这些看似行之有效的教育方法却是最值得人们思考的。把家长的批评称之为“教育”,孩子有意见就是“大逆不道”。过分专制培养出来的孩子,要么抵触心理特别严重,要么依赖心理过强,缺乏独立决断的能力。过分苛刻的管教往往难以让孩子们理解和接受,势必会造成父母子女关系的紧张,家长也会失去教育子女的主动权。因此,作为家长,要及时调整和完善教育方式,不要把儿童等同于成人,要给孩子发展的空间,更要尊重儿童的成长。

4.将考分看得过重

许多家长注重的是孩子的考试成绩、学习分数,在班上的名次。孩子考了高分,父母感到脸上有光,却忽视了对孩子的生活

技能、学习技能、思考问题能力、创新能力、实践能力、交际能力等方面的培养，这样的孩子步入社会后，很难有大的发展。在生活中有些家长，不让孩子干一点家务活。其实，干家务活正是增强他们的能力、自信与责任感的有效途径。

父母和家长要注意孩子们的全面发展意味着他们不能成为一个分数的高手、生活的低能人。作为家长你应该清楚，给孩子什么样的素质教育，就等于给了孩子什么样的明天。

5.对孩子放任过当

一些家长认为树大自然直，孩子长大了自然会好，对孩子听之任之，过分纵容孩子，少加约束管制，凡事都认同孩子的想法，对孩子有求必应，让孩子自己发展、任意发展。结果造成孩子目中无人，家长缺乏威严。人的潜意识受周边环境的影响，形成了最初的人生观和世界观。观念一旦形成，就很难改变。所以，不能由着孩子的性子来，必要的辅导和教育不能放弃，应在孩子成长过程中给予教育。当你以恳求、交易、威胁的方式去对待他的不合理要求时，其实就是放任孩子。还有一些家长，因为孩子偶尔出现过失，而放弃对孩子的管教。作为父母要理解孩子，并鼓励帮助孩子战胜困难。

6.忽略以身作则

家教是什么？是家长对孩子的言传身教。一些家长对子女的期望值在不断提高，但这些家长或许不知道，在严格要求子女的同时，也给自己提出了更高的要求。自己的一言一行都在无形中感染和熏陶着孩子。只重言教而轻身教，在这种环境下成长的孩子，性情多半会孤僻、冷淡，学习和生活懒散，没有上进心和求知欲望。孩子会成为一个什么样的人，在某种程度上，首先取决于父母。家长是孩子首要的模仿效仿对象，所以家长一定要特别重视言传身教，努力做好孩子的榜样。

7.忽略德育教育

在当今的教育形势下，升学的压力会使一些家长对孩子的德育教育重视不够，特别在诚信、友爱、尊重、责任心等方面的教育严重不足。一些孩子对是非混淆不清，导致青少年成长中出现拜金主义、享乐主义、极端个人主义等苗头。

"少成若天性，习惯如自然"，家庭教育不能只重视孩子的文化知识教育，更要把培养孩子形成良好的思想品德和行为习惯放在首位。作为父母和家长应该从小就把美好的道德观念传递给孩子，引导他们学会做人，帮助他们形成美好心灵，使其健康成长，成为有用之才。

8.疏忽责任心的培养

我们常常看见这样的情形，当孩子被板凳绊倒了，家长们赶紧跑过来，打板凳，安抚孩子。一些孩子在上学的路上都是父母或爷爷奶奶为他们背书包。这种教育方式很容易让孩子产生"凡是自己遇到不顺的事都是因为外界环境"的认识。正确的教育方式是家长帮助孩子分析原因，引导孩子去思考，让孩子理解自己应该负什么责任，学会担当。更不能用"怪罪环境"的方式去面对生活。孩子的责任心是通过日积月累的教育，逐步地强化，渐渐形成的。

9.忽视心理素质的培养

很多家长只关心孩子身体的健康，认为无病即健康。不惜金钱为孩子准备各种各样的食物和营养品。但忽视心理素质的培

养，对孩子的内心感受和负面情绪关注不够，对孩子的心理需求和心理素质知之甚少，把因心理缺陷或心理疾病引起的不稳定情绪看成是孩子调皮捣蛋，明明存在心理健康问题却不知道。作为家长要了解孩子每个年龄段的心理变化，注重培养孩子良好的心理素质，帮助孩子提高意志力和应对挫折的能力，让他学会识别和控制自己的情绪。当孩子情绪不好时，要注意帮他调整，当孩子郁闷时，让孩子畅所欲言，帮助他解除心理压力，为孩子的成长奠定坚实的基础。

10.打骂都是为你好

有些家长动不动就训孩子，唠叨不休，易使孩子产生厌恶不快的心理，甚至使孩子变得越来越反叛。有些父母在唠叨的同时还会加上一句口头禅：我们这样做，也是因为爱你，为你好啊！想用此话堵住子女的反驳，把“爱”作为理由一味要求孩子怎么做。还有一种说“打是喜欢骂是爱”，在这貌似“不可辩驳”的理由的支撑下，家长打孩子顺理成章。

如何取得理想的教育效果，的确是一门学问。我国著名教育家陶行知先生说过：“发现你的小孩，了解你的小孩，解放你的小孩，信仰你的小孩，变成一个小孩。”

三、怎样成为孩子心中的称职父母?

有的父母认为：爱孩子就是让他们吃好、穿好、身体好、学习好、生活好。应该说，这的确是只有真正爱孩子的父母才会给予的真爱之心。父母不仅要抚养孩子，还要管教孩子，规范孩子的言行，并促使孩子独立。怎么样的父母才算是孩子心目中称职的父母呢？一是能尊重孩子、善于与孩子沟通的父母；二是能理解和了解孩子的真正需求和想法，在孩子遇到困难的时候，给予鼓励和耐心的帮助，而不是指责的父母；三是努力工作，有家庭责任感，能创造良好的家庭氛围，给孩子温暖的家庭生活的父母。孩子成长过程中父母的作用见图 5-1：

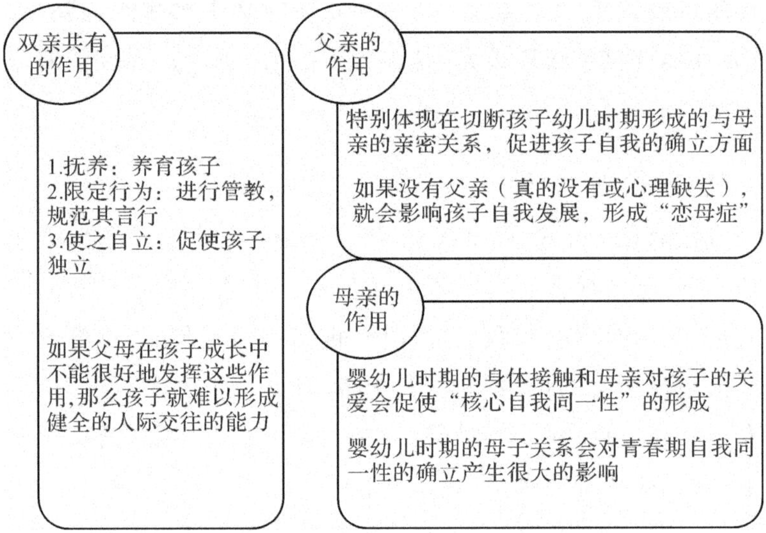

图 5-1　父母对孩子的作用

那么，今天父母应该怎样爱孩子？

做父母的要把教育和爱紧紧地结合在一起，缺一不可。引导但不强迫、关心但不溺爱、理解但不放任。

用爱的目光注视孩子，用赏识的神情告诉孩子：“太好了！你让我骄傲！”

用爱的微笑面对孩子，传递给孩子的信息是：“我爱你，孩子！”

用爱的语言鼓励孩子，父母常常对孩子说：“孩子，你真棒！”

孩子会自豪地回答："爸爸妈妈，我能行！"

用爱的管教约束孩子，让他(她)从小懂得，每个人都要对自己的行为负责，要走好人生的每一步。

用爱的胸怀包容孩子，让他(她)面对挫折有重新开始的机会。把爱的机会还给孩子，让他(她)体验到索取可以使人满足，但付出才是真正的快乐。

美国心理学家诺尔蒂有这样一段名言：

如果孩子生活在批评的环境中，他就学会指责；

如果孩子生活在敌意的环境中，他就学会打架；

如果孩子生活在嘲笑的环境中，他就学会难为情；

如果孩子生活在羞辱的环境中，他就学会内疚；

如果孩子生活在忍受的环境中，他就学会忍耐；

如果孩子生活在鼓励的环境中，他就学会自信；

如果孩子生活在赞扬的环境中，他就学会抬高自己的身份；

如果孩子生活在公平的环境中，他就学会正义；

如果孩子生活在安全的环境中，他就学会信任他人；

如果孩子生活在赞许的环境中，他就学会自爱；

如果孩子生活在互相承认和友好的环境中，他就能学会如何在这个世界上去付出和寻找爱。

四、怎样鼓励与批评孩子?

懂得正确地鼓励、表扬和批评孩子，是一名合格父母应该掌握的技能。在家庭教育中，究竟应该多鼓励还是应该多批评?

心理学实验证明，多鼓励孩子可以提高孩子的学习兴趣，增强其自信心，促进其全面成长。

美国著名心理学家罗森塔尔和雅各布森来到一所小学，让一群孩子做智力测验，在学生中煞有介事地进行了一次“发展测验”。然后，他们列出了一张学生名单，声称名单上的学生都极具潜质，有很大的发展空间。

一年后，奇迹出现了，凡是上了名单的学生，个个成绩都有了较大的进步，且各方面都很优秀(见图 5-2)。再后来，上了名单的人全都在不同的岗位上干出了非凡的成绩。

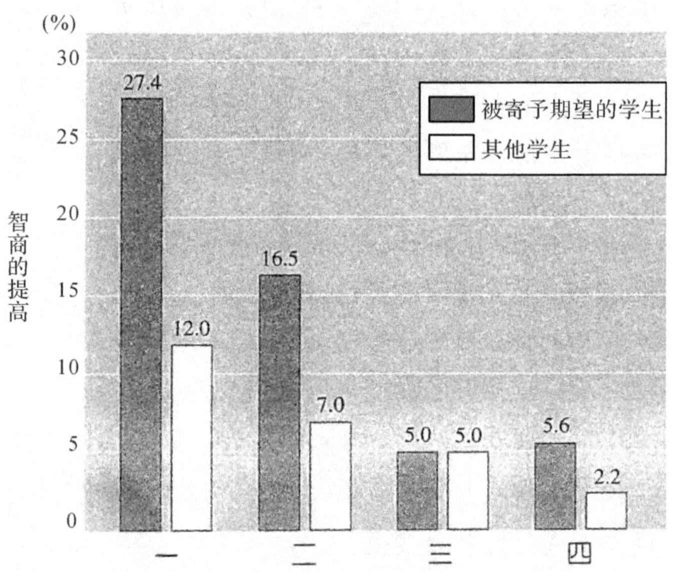

图 5-2　名单上的学生与其他学生一年之后智商的提高程度

从这个实验我们可以看出，教师对这部分学生的期待是真诚的、发自内心的，坚信这部分学生就是最有发展潜力的。也正因如此，教师的一言一行都难以隐藏对这些学生的信任与期待，而这种“真诚的期待”是学生能够感受到的。学生在不知不觉中更加努力地学习，变得越来越优秀。

这种现象在心理学上被称为“皮格马利翁效应”(Pygmalion Effect)。

远古时候,塞浦路斯国王皮格马利翁喜爱雕塑。一天,他成功塑造了一个美女的形象,爱不释手,每天以深情的眼光观赏不止。神灵被皮格马利翁的这份爱所打动,赋予这座雕像以生命。

心理学家由此总结:期望和赞美能产生奇迹。

在家庭教育中,家长和孩子之间,皮格马利翁效应同样适用。作为父母应当努力发现孩子的优点,并鼓励赞赏孩子。

如果父母对孩子寄予热烈期待、鼓励和表扬,孩子的表现就会越来越好。如果家长的内心并没有期望,而只是将期望挂在嘴上,那么孩子知道后可能会得到相反的效果,放弃努力。与之相对,责骂与训斥是最不可取的教育方式。因此,家长要学会批评和表扬孩子的技巧,讲究策略的批评会帮助孩子明辨是非改正错误,进而不断完善自己。父母若从内心发出对孩子的期望,一定能培养出心理健康快乐的孩子。

在家庭教育中,最残酷的伤害莫过于对孩子自尊心和自信心的伤害,最明智的举动莫过于用鼓励和赞美给孩子支撑起人生信念的风帆,帮助孩子步入成功的殿堂。卡耐基很小的时候,母亲就去世了。缺乏母亲的管束,他像放纵的野马一般,特别喜欢调皮捣蛋。九岁那年,他有了一位继母。继母刚进家门的那天,父亲指着卡耐基对她说道:“他可是全镇最坏的孩子,你以后可得提防着。”继母走到卡耐基面前,温柔地摸着他的头,说道:“他怎么会是坏孩子呢,我看他应该是全镇最快乐、最聪明的孩子。”这样一句简朴的话,不仅让他消除了对继母的抵触情绪,而且还成为激励他的动力。多年以后,卡耐基成了家喻户晓的成功学大师。

赞美、鼓励和期待具有一种力量,它能改变人的行为,当一个人获得另一个人的信任、赞美时，他便感觉获得了社会支持，获得了一种积极向上的动力，并尽力去达到对方的期待。

当孩子的考试成绩比较差的时候，家长往往会说："真笨！你一定要努力学！"殊不知，一句不恰当的批评将在孩子的内心留下不可消除的阴影。相反，如果对他说："你其实可以学好的，你应该更努力一点！"这样孩子的学习积极性自然就会提高。

没有天生的成功父母，也没有不需要学习的父母，成功教育出成功孩子是父母亲不断自我学习提高的结果。

五、怎样当好孩子的心理保健师？

随着孩子年龄增长，身心开始发展，心理特点出现了变化，很多家长担忧、焦虑甚至手足无措，生怕教不好孩子。作为教育者的家长应该学习和掌握孩子的发展特点、家教技巧，选择适合自己孩子的方法，既做孩子的朋友，又做孩子的心理保健师。

1. 要了解孩子

家长要善于从心理角度分析处理孩子出现的问题，鼓励孩子讲出内心的喜怒哀乐，耐心地听取他对周围事物或发生的事件的评判。在他讲述的过程中尽可能不要去打断，不要急于批评或评价。当他讲完后，你再用十分简练的语言对他的话做一个概述，帮他理清思路。在沟通基础上，家长还应培养孩子学会自己与自己沟通，心理学上称为内在性的沟通，即鼓励孩子时常和自己对话（脑海中的对话），也就是跳出自己的角色，以另一种角度来看自己，激励自己。现在不少家长还不善于亲子间的沟通。孩子不喜欢家长唠叨，已成为普遍现象。这种单调的唠叨说教的方法，

易使孩子厌烦和反感，从而产生逆反心理。家庭教育是要讲究策略的，家长要了解孩子，指导帮助孩子，跟孩子进行心理沟通，要善于思索，有心计、有办法，而不是想当然地训斥了事。父母和孩子应该成为朋友，顺其所思，予其所需；同其所感，引其所动；助其所为，促其所成。

2.要尊重孩子

家长要树立正确的亲子观，将孩子看作独立、平等的个体，尊重与平等地对待孩子。孩子最初的受人尊重的感觉是从父母那里得到的，尊重别人的意识也是在日常生活中经过多次的训练、教育，不断地强化而逐渐建立起来的。得到尊重是孩子的基本需要，家长要在尊重孩子的个性的基础上逐步引导孩子德智体美全面发展。尊重孩子才是父母最深刻的爱。

家长要避免忽视孩子或过分提高孩子在家庭中的地位，在表达情感时，要对孩子多鼓励，而不要替代孩子表达。家里遇到的事情，有些事不需要孩子知道，但关系到孩子的事要征求孩子的意见，让他们知晓，并且参与到讨论决策中来。父母应该认真听取孩子的意见，让孩子把自己的想法表达出来。要懂得尊重孩子的意见，即使这个意见不实际，也一定要对孩子的意见表现出兴趣。这也是帮助孩子消除困惑的方法之一。

3.要坚持身教胜于言教

家长不光是孩子的父母，亦是良师亦是益友，家长在生活中所做的任何事情，都会影响孩子的成长甚至是一生，有些事情可能会给孩子内心深处带来创伤。要求孩子做到的，自己首先必须做到。有很多父母要孩子诚实，自己却经常撒谎。约翰·柯尔曼博士认为，孩子有很多行为都与成人的行为变化有关，成人对自己的习惯、情感和忧虑表现得日益明显，孩子常常效仿大人，大人与孩子之间的界限已经模糊不清了。这在一定程度上解释了孩子为什么产生不良行为。当父母失去孩子的信任时，家长的话也便逐渐没有了权威性，孩子也不再愿意认真听从家长的安排。家长应该适当倾听一下孩子的批评与建议，必须要态度坦诚，勇于认错和反省，平等地和孩子交流，让家长的"自我反省"成为最好的诚实示范。

4.要鼓励孩子与人相处

教会孩子学会与别人和谐相处，对孩子以后的成长，适应社会，都非常重要。要教育孩子看对方的眼睛，交流，从眼睛对视开始。要教育孩子多多帮助他人。要鼓励孩子与同学朋友积极交往，接纳别人，愿意为别人喝彩。这样，久而久之，孩子自然就会习惯独立与人相处，学会如何处理各种问题，在自我锻炼的过程中培养自己的独立性。从而为孩子的健康成长和将来走上成功之路打下一个坚实的基础。

5.要教会孩子悦纳自己

孩子只有能接纳自己、悦纳自己才能够更好地被别人接受和喜欢。因此，父母要注意培养孩子学会接纳不完美的自己，要让孩子做最喜欢自己的人，不但能接受自己的优点，而且还能坦然地接受自己的缺点。生活中，许多孩子过分在意别人对自己的负面评价，内心脆弱，情绪波动较大。要教会孩子喜欢自己，树立自信心。让孩子在面对自己的缺点时也不过于自卑，让孩子能够认识到自己独特的一面。我丑但我很有能力，我成绩不好，但我很努力。这样，也许能帮孩子重塑自信，走出心理困境。

6.要培养孩子心理素质

家长要在调整自己心态的基础上去教孩子如何调整心态。家长对孩子的影响是潜移默化的。在生活中,许多孩子遭遇情绪低潮时不懂得如何排解,要么闷在心里,要么选择极端方式,当孩子有了不良情绪时,应该帮助他学会宣泄,排解负面情绪。有的孩子常常为一点小事而情绪低落,比如为自己的长相、学习成绩不好而痛苦烦恼。这一切,就是因为孩子缺乏良好的心理素质。家长要注重培养孩子的自主性,进行适当的挫折教育,使孩子保持适度的自尊与自信。

家长教育方法测试

指导语:本测验是瑞典 Umea 大学精神医学系 C. Perris 等人共同编制用以评价父母教养态度和行为的问卷。测验为人们提供了一个探讨父母教养方式与子女心理健康关系的有力而客观的工具。同时,EMBU(父母教养方式评价量表)也可以用来探讨父母教养方式对人格形成的影响,让更多的人意识到哪些教养方式是不当的,从而改善、调整并最终放弃不当的教育方式,让更多的子女在良好的教养环境中成长并形成健全的人格,使您了解您对孩子的教育得法不得法,对您今后如何教育孩子提供一些启示。每道测试题有3种答案,您可选一种最后算总分。请您务必回答每个问题,不要漏项。

1.您的儿子回到家里,您发现他刚刚与小朋友打过架,衣服被撕破,双膝受了伤,您见到此情景,做何处理?

□ A 您仔细看孩子的受伤处，然后给孩子洗脸，您批评他几句，但态度和蔼可亲。

□ B 您表现出焦虑不安，手忙脚乱，并决定以后不许他一人到外面去玩。

□ C 您怒气冲天，并且惩罚了孩子。

2.您送给十岁的儿子一件他盼望已久的礼物（较贵重的）。数日后您儿子双眼含泪通知您：礼物丢了。此时您做如何反映？

□ A 您安慰儿子，尽量使孩子不要为此事太难过。您丝毫不吝惜儿子丢失的东西，看着伤心哭泣的孩子，您的心理充满怜悯之情。

□ B 您本想立即跑出去找，但一寻思已无济于事，只好作罢。但您决心今后再不给不懂事的孩子买贵重的礼物了。

□C 您惩罚了孩子，在责备孩子的话语中提到了丢失物品的价钱。

3.您九岁的儿子给您传信：老师让您去学校一趟。您如何对待此事？

□ A 您不了解发生了什么事，但表现镇定自若，只要有可能，您一定去见老师。

□ B 您设法要搞清楚儿子惹了什么祸，并警告儿子，只要听到老师告他的状，您将狠狠地教训他。

□ C 您发怒，打算立即去见老师，您气得不服用镇静剂就难以自持。

4.您九岁的儿子期末考试有两门功课不及格，这对您是个打击，因为这孩子平时学习还可以。对此，您采取什么态度？

□ A 您很难过，但认为这并非不可救药，您决定在假期里给儿子补上这两门课。

□ B 您弄不清发生这事该怪谁，是怪儿子不用功？还是孩子天生智力迟钝？或归罪于老师？

□ C 您认为这是家丑，但并不以为意，因为儿子的同学也有两门课不及格，并以此自慰。

5. 您看到您九岁的儿子在戏弄一只无主的猫，您如何对待此事？

□ A 您很生气，并要求孩子立即停止这种恶作剧。

□ B 您大惊小怪地拉着儿子离开猫，还说："这是一只疯猫呢！"

□ C 无动于衷地走过去，并认为这种恶作剧对男子汉来说不足为怪。

6. 您发现您十二岁的儿子有香烟，如何处理？

□ A 您做出尚未发现他有香烟的样子，注意经常向孩子讲述吸烟的害处。

□ B 您不重视这件事，也未采取任何措施，但当孩子干了另一桩错事时，您向孩子提起他吸烟的事。

□ C 等待适当时机，以便当场抓住儿子吸烟，再训斥他。

7. 您与丈夫吵架后气得难以自持，泪水夺眶而出。此时儿子放学归来，他因得了好成绩心情很好，一心想与您看事先已经买好票的电影，您如何做？

□ A 您静下来，与儿子一道去看电影。

□ B 您告诉儿子，身体不大舒服，电影改日再看。

□ C 孩子的到来使您更恼火，根本谈不上去看电影。

8. 您儿子的十岁生日快到了，他已邀请小朋友来家做客，并急切地盼望着生日的到来。但头天您得知您久未见面的朋友也将在儿子生日的那天来看望您，您如何处理此事？

□ A 您朋友的到来将不影响儿子生日的安排，您愉快地让客人们一起欢度这一天。

□ B 您向儿子讲了上面的情况，并请求儿子改日再举行聚会。

□ C 干脆告诉儿子，他的生日会改日再举行。

9. 您发现您钱包里有少量的钱丢失，而且证实是你那未成年的儿子干的，您如何处理？

□ A 您不知所措，但表现理智，您决定首先弄清：儿子要钱干什么？然后再采取措施。

□ B 没弄清事情的原委就惩罚了儿子。

□ C 您恍然大悟：儿子是个小偷。

10. 您十五岁的儿子近日来学习成绩下降，对老师不礼貌，您发现这是因为他在早恋（初次），您如何处理此事？

□ A 您联想到自己在儿子这个年龄时的情况，尽量理解儿子，对儿子态度温和。

□ B 您相信这种蠢事随时间的流逝会过去的。

□ C “谈得上什么爱情?！在没学会自制时，不许离开家！”

11. 您十五岁的儿子与染有恶习的孩子来往，对学习漫不经心，当着您的面吸烟，有几次是酒后回家，您对此采取什么措施？

□ A 您利用一切机会给儿子讲，他的行为对一个男子来说是不体面的，并坚定地相信，这种令人怀疑的友谊很快会结束。

□ B 您认为这一切是因为年龄过渡所致，今后家里的丑事将发生得更趋频繁。

□ C 您开始逐渐相信您儿子是个流氓。

12. 您在与儿子进行不愉快的谈话时，忍不住打了他一巴掌，过了一段时间您清楚地意识到不应该打儿子，此时您如何处理？

□ A 您请求儿子的原谅，保证今后要克制自己。

□ B 您努力改正自己的过错，但并不准备向儿子道歉，您认为道歉会影响您的权威。

□ C 是儿子引得我发火，这样做才像父母的样！

13. 您回到家门口时，听到儿子与自己的朋友在家里的对话，你儿子在谈他与女孩子接触中的想法，他说他对女孩子不那么严肃。您听后有何反应？

□ A 您立即表明您已经回到家里，听到了儿子说的话，您儿子的想法使您难过。

□ B 暂时在门外屏住呼吸听完，然后进屋，您对儿子说，考虑女朋友问题还为时过早。您劝儿子不要因不理智而早婚。

□ C 您往下听了一会儿，对儿子的话没有反应。但您有机会时将对儿子说："我知道你脑子里在想女朋友。"

14. 您十七岁的儿子对您说："您对现代生活一无所知。"您做何反应？

□ A 您不打算坚持己见，准备与儿子以平等身份讨论有关"现代生活"的问题。

□ B 您听后很生气，并认为恰恰是您才清楚什么是"现代生活"。

□ C "在儿子对我的无礼言行没有悔悟之前，我根本不想见他。"

15. 您不满十八岁的儿子称，两个月后他将结婚，而未来的儿媳您根本不认识，您如何回答他？

□ A 您根本不打算劝阻他，您认为过一段时间一切都会正常的。

□ B 您以迷惑不解和轻蔑的态度接受这一消息。

☐ C 您听后目瞪口呆，但恢复常态后，您脱口而出的话是：“除非我死了。”

16. 您的孩子能以什么事情使您高兴？

☐ A 突然发现您的孩子在数学、绘画、体育等方面有特殊的才能。

☐ B 在学校取得优异成绩。

☐ C 在家里绝对听话。

17. 您孩子的什么事情会使您难过？

☐ A 在各方面平平常常。

☐ B 考试不及格。

☐ C 不听话。

18. 您认为一个人事事成功的保证是什么？

☐ A 具有特殊的意志力。

☐ B 有健康的体魄。

☐ C 突出的智力。

19. 您认为一切失败的原因是什么？

☐ A 在于行为的轻率。

☐ B 在于自己。

☐ C 在于太笨。

20. 您希望您的孩子长大成为一个什么样的人？

☐ A 善良的人，好朋友。

☐ B 出色的专家。

☐ C 知名人士。

评分标准：A：1 分　B：2 分　C：3 分。您的积分总数与下列总数评价相对照，可大致了解您教育子女是否成功。

测试分析：

20—25分，您在教育孩子方面非常成功，可提供很多经验。

25—30分，您在教育孩子上做法基本正确，但请您不要忘记易激动是不利于教育的。

30—40分，您应重新审视一下您对自己及对孩子的看法是否正确，尽管您有时也联想自己年轻时的情况。

40—45分，您常常是不公正的，对孩子的教育和看法容易出现偏差。

45—55分，您可能不受孩子的喜爱，在对孩子的教育上您是失败的。

55—60分，您的教育方法已经严重影响孩子的健康成长，请反省自己，参加培训，学做智慧家长。

资料来源：胡晓梅主编《人生必做的N个测试》，中国物资出版社2008年版。

六、如何纠正孩子挑食的坏习惯？

芳芳的孩子今年6岁了，不爱吃蔬菜，从小挑食，因此长得非常瘦弱，芳芳担心孩子挑食的习惯会导致营养失衡，无法正常发育，但又没有好的矫正办法。该怎么办呢？

挑食是一种不好的饮食习惯，既不利于营养的摄入，又不利于健康发育。通常情况下，引起挑食的常见原因有两方面：一是喂养不当，小孩子不知饥饱，食无节制导致饮食滞停；二是因局部或全身性疾病影响消化功能引起厌食。

1.孩子挑食的主要原因

(1)受父母饮食偏好的影响:父母或者家庭成员中有人经常表达出"这个不好吃、那个不喜欢吃"的观点,小孩子也会拒绝这些食物,久而久之就养成了挑食的坏习惯。

(2)不规律的饮食习惯:不按时定量进餐,经常给孩子吃零食,胃内总有食物,胃就得不到休息,这样到吃饭时间孩子就没了食欲,自然就挑三拣四。俗话说:"饿吃糠如蜜,饱时蜜不甜。"

(3)不注意孩子的口味:孩子需要清淡、甜味的食物,而大人的食物大都口味较浓。如果不考虑孩子的实际情况,让孩子和成人吃一样的饭菜,那么孩子可能就会挑食。

(4)疾病及药物的影响:各种急慢性传染疾病、寄生虫病、消化道疾病,某些微量元素如锌和铁的缺乏是常见的引起食欲不振的主要原因。另外,患病期间服用各种药物的副作用的影响也是一个因素。

针对以上因素,家长应当采取科学的方法及早予以矫正,从而使孩子建立良好的饮食习惯。

2.培养良好饮食习惯的注意事项

(1)注意食物搭配。偏食的孩子专挑自己喜欢的东西吃,别的东西,即使是营养丰富也不吃。家长在做饭菜时要注意食物搭配,花色品种要多样化,烹调方法也要多样化,让孩子有新鲜感,增进孩子食欲,改善孩子厌食挑食症状。父母一定要起到榜样的作用,避免大人的挑食习惯影响孩子,自己不挑食,从而带动小孩合理进食。

(2)少让孩子吃零食。有的父母觉得孩子挑食,吃正餐的时候没有获得足够的营养,希望让孩子多吃点零食来弥补,这样会

影响孩子的正常吃饭，慢慢地会加重孩子的厌食挑食行为。因此，要改变孩子吃零食、喝饮料的习惯，就必须让孩子定时进食，按顿吃饱。

(3)家长切忌在孩子进餐时责骂或以其他方式惩罚孩子，影响其食欲。要善于营造快乐气氛，让孩子乐于进食。另外吃饭时尽量关闭电视，减少干扰，以免影响孩子进食。家长应该多陪着孩子吃饭，多加鼓励，建立好的饮食习惯。

(4)祖母原则。所谓的祖母原则就是利用频率较高的活动来强化频率较低的活动，从而促进低频活动的发生。如果孩子喜欢吃牛肉，不喜欢吃青菜，按照祖母原则的做法就是让孩子先吃一定数量的青菜才能吃牛肉。

(5)及时预防治疗疾病。当孩子出现厌食挑食行为而以上方法都不可行时，要留意孩子身体状况。如果是疾病的因素，则进行科学的治疗，尽快恢复孩子的健康饮食。特别要提醒的是，要避免没有经过医生的检查就乱给孩子补充各种营养素。

七、如何回答孩子的奇怪问题？

小玉的孩子 4 岁了，最近她特别喜欢问为什么。“我是从哪来的？”“妈妈怎么生的宝宝？”“为什么下雨后蚂蚁会从地底下爬上来？”很多家长都经受过孩子这样的“拷问”，感到尴尬，怎样回答才能满足孩子的求知欲、好奇心呢？

“为什么”是孩子最早会问的问题之一。虽然数不清的为什么常常会让最有耐心的父母都心烦不已，但这表示，孩子正在以主动的方式学习，表明他们对生活有好奇心。保护好孩子的好奇心，对于孩子的智力发育以及日后的学习兴趣是非常重要的。那

么，如何对待孩子无穷无尽的问题呢？

1.认真对待孩子的问题

当孩子问问题的时候要表示非常关注孩子的问题，这样可以充分保护孩子的好奇心，强化孩子的好问精神。如果敷衍孩子所问的问题，简单粗暴地说“你哪来这些奇怪的想法啊！”“不知道！”就会给孩子很大的挫败感，多次这样的敷衍就会使孩子的好奇心消失。要欣赏、鼓励孩子的好奇心和好问的精神，听到孩子的问题，要由衷地高兴。著名教育家福禄培尔说过：“渴望知识的孩子，会接二连三地提出问题——怎么样？为什么？什么时候？做什么？是什么？——每一次满足孩子的答案，就给孩子开拓了一个新的世界，儿童从各方面学到语言，把它作为认识客观世界的媒介。”

2.积极对待孩子的好问

有时候孩子的问题父母的确无法回答，但仍然要表示感兴趣，并在条件允许的情况下与孩子一起查阅书籍或通过网络寻找答案。这个过程中，家长自己增长了知识，教给了孩子学习知识的方法，又保护了孩子的好奇心，一举三得。对于孩子提出的问题，要尽可能当即做出回答。这就要求家长平时加强学习，不断积累知识。“平时不烧香，急来抱佛脚”那是不行的。

3.关注孩子的特殊需要

在大人很忙碌的时候，孩子有时会过来问问题，这往往会让家长更加不耐烦。其实，这时孩子有特殊的需要——需要被关注。孩子问问题的目的是想得到大人的关注，而非关注问题的答案。这时候大人要放下手头的工作，给予孩子足够的关注。如果

家长没有理解这种心态而没有回应，可能会导致孩子欲求不满，而引发其他想引起父母注意的行动。例如：咬指甲、尿床等。

孩子天生好奇。好奇必然导致好问。看到自己没有见过的东西或事物，同他熟悉的东西或事物不一样时，往往就会缠着父母问这问那，提出各种各样的问题。

孩子指着父母的生殖器官问那是什么时，该怎么说？婴幼儿时期的孩子处于无性意识状态，你只要简单易懂地告诉他那是什么、有什么用就可以了。

为什么男孩子站着尿尿，而女孩子蹲着尿尿？直接告诉孩子，那是因为性器官不同。

家长要努力用贴切、生动形象的比喻，用孩子听得懂的语言回答其提出的问题，不要让孩子失望。总之，对孩子问问题应该以积极的态度对待，而不是敷衍了事。

相关链接：

3—6 岁儿童心理健康测试

世界上没有完美的父母，只有懂得不断调整改变自己的父母。如果我们愿意去不断调整和改变自己，我们就是成功的父母。当我们学会尊重每一位孩子，找到进入孩子内心世界的“入场券”，就会与每个独一无二的孩子相遇，触摸到他们内在的核心动力，共同去寻求改变之道。陪伴他们的成长，也是自我的成长！想改变就从改变自己开始，想改变就从学习开始！

1. 儿童心理测试题(是计 1 分，否计 0 分)

(1)孩子能否轻易被逗笑？

(2)孩子是否经常耍脾气?

(3)孩子能否安静地躺下睡觉?

(4)孩子是不是总会有能力将家人惹怒?

(5)孩子是否挑食?

(6)孩子的饭量是否稳定?

(7)孩子吃饭时是否经常耍脾气?

(8)孩子有没有要好的小朋友?

(9)孩子现在是否有一定的自控能力?

(10)孩子是否总是需要看管?

(11)孩子是否做到夜间不尿床?

(12)孩子是否有吮手指的习惯?

(13)孩子是否经常抽噎、啜泣?

(14)孩子是不是能保持安静地独自待一会儿?

(15)孩子是否有恐惧心理?

2.3—6岁儿童心理健康测试结果说明

11—15分,心理状态较好。6—10分,心理状态正常。0—5分,心理状态较差。

3.培养孩子健康心理“十不要”

(1)不要过分关心孩子。

这样的结果就是很容易让孩子养成以自我为中心的心态,结果成为自高自大的人。

(2)不要贿赂孩子。

要让孩子从小知道权利与义务的关系,不尽义务就不能享受权利。

(3)不要太亲近孩子。

应该鼓励孩子和同龄人一起生活、学习、玩耍,这样才能学会

与人相处的方法。

(4)不要勉强孩子做一些不能胜任的事情。

孩子的自信心来源于自己做成功的事情,因此在给孩子安排事情的时候也要多加注意。

(5)不要对孩子太严厉、苛求甚至打骂。

这样会使孩子形成自卑、胆怯、逃避等不健康心理。

(6)不要欺骗和无端地恐吓孩子。

(7)不要在小伙伴面前当众批评或嘲笑孩子。这样会造成孩子怀恨和害羞的心理。

(8)不要过分夸奖孩子。

夸奖孩子可以让孩子培养一定的自信心,但是过分夸奖则可能让孩子有骄傲的心理。

(9)不要对孩子喜怒无常。这样会使孩子敏感多疑、情绪不稳、胆小畏缩。

(10)不要代替孩子解决困难。

帮助孩子解决困难,而不是代替他们解决困难。应教会孩子分析问题、解决问题的方法。

通过上述的儿童心理测试,大家可以分析孩子的心理是否健康,当然在生活中也要注意一些行为准则,让孩子有对错的判断。

八、如何纠正孩子爱占小便宜的行为?

小强上五年级,头脑聪明,热爱劳动,班主任老师很喜欢他。但是同学关系却不好。小强从家里带来的好吃、好玩的东西从来不愿意与同学们一起分享,但他要是看见同学带来好东西,他都会趁人不注意拿过来,或者借来不还占为己有。

爱占小便宜指的就是私自把别人的东西据为己有或偷拿别人的东西，明知不对却也没有归还给别人。爱占便宜的人在心理上都有较强烈的占有欲望，这种占有欲望在每得到一次小便宜的时候便会产生强烈的满足感。这是一种不良习惯的开端，必须引起重视。

《荷包蛋》一文讲了父亲用三碗荷包蛋面条，让孩子明白了一个大道理——“占小便宜吃大亏”。

第一次：

一天早上，父亲做了两碗荷包蛋面条。一碗蛋卧上边，一碗上边无蛋。端上桌。

父亲问儿子吃哪碗？

“有蛋的那碗。”儿子指着碗说。

父亲说：“让给我吧！孔融七岁能让梨，你都十岁了。”

儿子说：“他是他，我是我，不让！”

父亲试探地问：“真不让？”

“真不让！”儿子回答坚决，以迅雷不及掩耳之势把蛋咬了一半，表示给这碗面注册了商标。

“不后悔？”父亲对儿子的动作和惊人的速度十分惊讶，但忍不住又问了最后一遍。

“不后悔！”为了表示坚不可摧的决心，儿子把最后剩的蛋也吃了。

父亲默默地看着儿子吃完，自己端过无蛋的那碗，开始埋头苦吃。爸爸碗里藏了两个蛋，儿子看得分明。

父亲指着碗里的两个蛋告诫儿子：“记住！想占便宜的人，往往占不到便宜。”儿子一脸无奈。

第二次：

在一个周日的上午，父亲又做了两碗荷包蛋面条。情景再现，一碗蛋卧上边，一碗上边无蛋。父亲若无其事地问："吃哪碗？"

"我十岁了，让蛋！"儿子说着，拿过了没蛋的那碗。

"不后悔？"父亲问。

"不后悔！"儿子回答坚决。儿子吃得很快，面见底也没看见蛋。父亲端过剩下的有蛋面吃起来，儿子看见上面有一个蛋，更没想到的是下面还有一个蛋。

父亲指着蛋说："记住，想占便宜的人，可能要吃大亏！"

第三次：

又过了数月，道具还是跟原来一样。父亲问："吃哪碗？"

"孔融让梨，儿子让面。爸爸是长辈，您先吃！"

"那我不客气了。"父亲果真不客气地端起有蛋的面。儿子平静地端起无蛋的面，一碗面很快见底。

儿子意外发现自己碗里也藏着蛋。

父亲意味深长地对儿子说："不想占便宜的人，生活不会让你吃亏。"

这个故事启示我们：看似"吃亏"的事，实则是帮孩子传达"教养"和"修养"的道理。

"教养"和"修养"是孩子一生中不可或缺的重要课程，每个父母都应该以身作则，培养孩子这样的品性和素质。这样的孩子才会走得更高更远！

如何纠正孩子爱占小便宜的毛病。

方法1：做孩子的榜样。当发现孩子占小便宜的问题时，首先要从家长本身找原因，不少孩子沾染上爱占小便宜的坏习惯与父母在生活中的言行有很大关系。如果父母爱占小便宜，经常顺手牵羊的话，那么孩子也会做这些事情。作为父母，在日常行为中要以身作则，给孩子树立一个正确的榜样。托尔斯泰有句名言："全部教育或者说千分之九百九十九的教育都归结到榜样上，归结到父母自己的端正和完善上。"

方法 2：晓之以理。要告诉孩子，哪些东西是自己的，哪些东西是别人的，而别人的东西不能随便拿，必须经过人家的同意方可以。没人喜欢爱占便宜的人，如果与人相处总想去占别人的便宜，朋友会越来越少。要让孩子意识到，占小便宜会吃大亏，是犯大错误的开始，要尽早督促孩子改掉这个坏习惯。

如果发现孩子有爱占小便宜的现象，不要轻易下结论，要搞清事实，认真对待。有的孩子拿别人的东西可能是报复，或者是开玩笑，也可能是另有原因，所以家长要了解具体情况后再教育孩子。

方法 3：恰当满足要求。当一个人基本、合理的需求得不到满足的时候，就会转移成不合理的需求。比如，孩子希望得到父母的爱或者关注，如果这种愿望无法实现，有的孩子就会通过打架、拿别人的东西来得到一种情感宣泄，达到心理满足；这种心理的满足反过来又强化了孩子打架、拿别人东西的行为。家长应该经常和孩子沟通，了解孩子的兴趣爱好。在日常生活中，如果孩子有什么合理的物质要求，而条件又允许，家长应尽量满足，暂时不能满足的，要跟孩子讲清原因。

方法 4：及时教育及时纠错。在孩子们出现占小便宜的行为时，对孩子要及时教育，及时处理这个问题。要分析孩子出现这种行为的原因是什么，如过分贪婪、自己需要、习惯占有等等，都要适当地施加压力，使孩子受到震动和教育。否则，孩子将不能

克制自己的占有欲望，任性而为，不计后果。有些家长认为自己家的条件很好，好吃的、好玩的都有，根本不相信孩子会出现爱占小便宜的行为，认为一般爱占小便宜的孩子是家庭条件不好的孩子。因此，作为家长不可以用家庭经济条件来衡量孩子的行为，要警惕孩子的占有欲。

教育孩子时，父母不要采取打骂的硬性方式粗暴地对待，而应该采取巧妙的方式，既要给孩子留有面子还要给孩子设置好一个台阶，了解孩子的思想根源，有针对性地对他们进行耐心的教育，让孩子养成高尚的道德品质，改掉占小便宜的坏毛病。

所以，“不占便宜”的道理，其实是孩子成长过程中非常重要的教养必修课。

九、孩子迷恋电视怎么办？

孙静 7 岁的儿子，很喜欢看电视尤其是动画片。有时候一看就是一整天，一关电视他就闹，甚至影响了学习，批评几句当时管用，稍不留神，孩子又偷偷看起了电视。她该怎么纠正孩子这个习惯呢？

其实，孩子看电视“上瘾”，如今十分普遍。电视对儿童行为发展和性格发展有正、负两方面的影响。孩子适当地看些电视，在看的过程中寓教于乐，综合素质能得到培养。但是电视看得时间过长，不但对孩子眼睛极为不利，也有可能影响孩子的身心健康。

那么，如何让孩子懂得看电视要适可而止呢？可尝试如下方法：

1.以身作则做示范

有不少家长在一天工作劳累之余，也喜欢看电视。家长看电视时，孩子在一边做作业很容易分心，因为他对电视节目更感兴趣。在这样的“电视家长”面前，孩子自然会受其影响，进行模仿。如果不想让孩子看电视，家长首先要以身作则，少看电视。也可以制定看电视家庭规则，与孩子定好“规则”，看什么节目以及次数、时间都要明确规定，大人与孩子同等对待，共同遵守。

2.注重生活细节

想完全禁止孩子看电视，是不切实际的，因此应该对孩子看电视的行为进行引导，多给孩子提供看电视以外的其他活动。孩子看电视多是一种“玩”的补充，有时电视也像玩具一样，当一种玩具不在面前时，孩子就可能想不起玩这种玩具，被其他玩具所吸引。要注意不在孩子的房间放电视机，这样只会让孩子和家中其他成员更疏远，也会影响孩子的学习和睡眠；看电视时保持健康姿态，注意用眼卫生；大一点的孩子自己也知道花太多的时间看电视不好，但是却不能控制自己。父母可以与孩子一起制定一个协议，并制作成书面协议，这种做法既可以限制孩子看电视的行为，又可以培养孩子守信。

3.抽出时间陪伴孩子

生活中，很多年轻的父母多以忙、无暇陪伴孩子为由，把孩子丢给电视。因为家长无暇陪伴，电视成了孩子的“保姆”。这样，除了让孩子更沉迷于电视节目之中，没有其他什么好处。孩子迷恋电视，主要还是枯燥乏味、呆板无趣的生活方式造成的。所以，父母不但要在百忙中舍得花时间去照顾孩子，还可以请孩子一起

分担家务，如准备晚餐、打扫房间等。做完事后一家人一起看电视，还可以利用节目和孩子展开讨论，培养他的思维和表达能力。

十、孩子迷恋网络游戏怎么办？

夏英家买了电脑以后，孩子就特“乖”，出门次数比原来明显减少，她十分高兴，为培养儿子的“电脑特长”，还给儿子购买了许多学习软件，希望对他学习有所帮助。但一个学期下来，儿子的成绩反倒下降了许多。她心中疑窦顿生，严厉责问下，儿子这才“嘟哝”出原因——玩电脑游戏上瘾。

随着电脑的日益普及和网络游戏的不断出新，越来越多的孩子开始迷恋上网络游戏。在激发孩子们好奇心，锻炼孩子的思维和创造能力的同时，电脑也带来了一些隐患。网络游戏成瘾，严重影响孩子的健康成长。

长时间玩电脑游戏，一方面损害孩子的身体健康，另一方面，孩子在心理上会产生一系列变异，对网络游戏之外的事情冷漠、不感兴趣，原有的正常的生活学习秩序被破坏。孩子迷恋上网络游戏，会导致情绪低落、性格孤僻、食欲下降、行为异常以及交感神经功能部分失调。如果出现上述情况，应警惕“电脑游戏依赖症”的发生。

孩子之所以迷恋上网络游戏，除了网络游戏里惊险的打斗场面设计，逼真的视听感觉，精彩刺激、富有悬念的情节有很强的吸引力以外，在某种程度上还有着家庭教育的原因。有的孩子放假在家无所事事，通过网络游戏消磨时间；有的因父母对孩子关心教育不够，父母自己的业余时间用来打牌搓麻，没有时间去管束孩子；也有的父母管得太死，孩子去网吧打网络游戏逃避父母管束。有些孩子对学习失去了兴趣，成绩下滑、经常挨批评，便会到网络里去寻找学校里找不到的那种成就感。

要想把孩子从游戏里拉出来，家长要用足够的爱心加上足够的决心和耐心。

首先，给孩子更多的关注，建立良好的亲子关系。父母给孩子恰当的引导和规定，以健康有益的活动来转移孩子的注意力。其次，要加强与孩子的沟通和交流，了解孩子的所需所求。在干预方式上切忌粗暴、简单化。避免引起孩子的逆反心理，应结合实例讲道理，晓之以利弊，给沉迷网络游戏的孩子正当的评价和改正的机会。再次，常与学校老师加强联系，了解孩子在学校的学习情况，并将孩子在家中的情况通报给老师。做家长的如果自己也喜欢玩的话，也要克服自身存在的问题，给孩子树立一个良好的榜样。同时，要和孩子多互动，多创造孩子与人交往的机会，建立更多伙伴关系。

作为父母，不能忽视孩子沉迷网络游戏的问题，它背后往往隐藏着其他要及时解决的问题。

十一、孩子迷恋手机怎么办?

为方便联系孩子，一开学沈芳便给 13 岁的儿子配了部智能手机。一个多月后，沈芳觉察到儿子的心思好像都在手机上，在家不停地把玩着手机。每天起床，儿子第一件事就是拿起手机，有次一家人回老家，旅途四个小时，虽然车上颠簸不断，但儿子还是盯着手机屏幕玩游戏，在沈芳的不断提醒和制止下才很不情愿地收起了手机。面对孩子的“手机情结”，沈芳无奈又烦躁。

手机作为生活的工具，已经融入了孩子们的生活。为孩子带

来各种便利的同时，也给孩子带来诸多不利影响。过度玩手机不仅会影响孩子的学习，还容易导致一些疾病，视力也容易下降。心理学家还发现，手机等多媒体工具会让人们陷入一种持续的“多任务”状态，长此以往甚至会让人们患上类似“注意力障碍”的心理问题。

青春期的孩子心理变化最剧烈，和父母的沟通交流变少，转向寻求同伴的认同，并且对家庭和学校以外的世界具有强烈的好奇心。而手机恰恰满足了这种心理需求。心理学家把“控”手机的青少年称为“活在气泡里的世代”，认为手机和其他多媒体工具像一个气泡一样把我们包裹起来，让所有的注意力都集中在屏幕上。经常使用手机的青少年不但缺乏和周围人的沟通，对父母的要求也更为叛逆。

当然，孩子依赖手机的原因是多种多样的，没有时间陪伴孩子的家长为了省心，让孩子玩手机，再加上孩子自控能力缺乏，常见父母在家常抽空拿出手机玩，一旦疏于管理，孩子便也迷恋上手机。对手机的依赖从类型上分主要有社交型依赖、游戏型依赖、娱乐型依赖等。作为家长要找出原因，才能正确有效地去引导孩子。

1.认知改变法

它是通过摆事实、讲道理，使孩子端正对手机依赖问题的认识并形成正确观点的方法。要改变沉迷手机的现状，必须让孩子认识到“控”手机的危害，启发其自觉性，并产生想要改变的意愿，这是戒除任何成瘾行为最根本也是最基本的条件。

2.行为引导法

鼓励孩子多面对面交流，当面对面的交流能够满足孩子的心理需要的时候,手机就不是那么重要了。家长有责任培养孩子的各种兴趣爱好,鼓励孩子与同龄朋友一起玩,安排丰富的活动,这些有意思的活动远比手机有吸引力,孩子慢慢地就会对手机失去兴趣了。这是最根本有效的途径。

3.定规限制法

给孩子恰当的引导和规定,让孩子正确地使用手机,是比较好的办法。在戒除手机成瘾的过程中,家长的帮助最重要,允许孩子玩手机的同时,还应与孩子约法三章,加以限制。但不能一味简单粗暴地强制孩子不许玩手机,而应该与孩子平等地进行沟通,制定一定的契约。家长和孩子约法三章后赏罚一定要分明,执行要坚定。也可联合孩子的好友与其家长,共同参与到戒除手机成瘾的“活动”中来,当“戒手机”成为青少年的一种时尚和潮流,手机“控”也就不复存在了。

4.榜样示范法

想要孩子少玩手机,家长的示范作用很重要。孩子年龄小,自控力差,在对待使用手机的态度上面,父母一定要做最好的榜样,因为孩子的行为都是通过模仿父母而来的。家长在日常生活中也不应该时时处处都拿着手机看。如果家长在家里闲暇时最大的爱好是玩微信,或者打游戏、看电影,怎么能要求孩子去做好呢。家长有空时要将手机放一边,好好地陪伴孩子游戏,和孩子一起看书,阅读,多与孩子沟通交流,多疏导孩子情绪。这是戒掉孩子迷恋手机的最理想途径。

十二、怎样为孩子选择玩具?

王梅去商场为2岁的女儿购买玩具，玩具多种多样，该怎么为孩子选择合适的玩具呢?

玩具是幼儿的好伙伴，是每个孩子成长所必需的。合适的玩具，不仅能给儿童带来欢乐，增长知识、启迪智慧，而且能使幼儿在游戏中浮想联翩，满足幼儿的各种心理需求，还能为幼儿提供自由探索、大胆想象的空间，有利于孩子创新能力的培养。那么，家长们该如何为孩子选择玩具呢?

从发展心理学来看，幼儿的成长过程可以分为好几个阶段，并且每个阶段，幼儿对玩具的需求也是有其自身特点的，性别不同、年龄不同对玩具的要求亦不一样。家长应根据不同阶段的不同特点，为孩子选择合适的玩具。

1.2岁以内小孩子玩具选择的原则

2岁以内小孩子玩具选择的原则是促进小孩子感知觉的发展。这个年龄段的小孩子处在感知运动阶段，主要是通过看、听、摸、抓、握等感觉来认识事物，喜欢夸张、滑稽，表现手法有意外性、突发性和富有幽默感的玩具。所以，家长要选择适宜的玩具来刺激孩子的感觉器官，使其感知觉得到发展。选择玩具的标准：首先是材质温软，保证孩子的皮肤和触觉安全。其次是色彩鲜艳、有声音、可以动，促进小孩子视觉、听觉的发展。

2.2—3岁小孩子玩具的选择

2—3岁小孩子的玩具选择要能够促进其身体的各项机能发展。这个年龄段的幼儿开始进入前运思期，这是语言学习的一个

关键期。他们的各种感知觉器官开始逐渐成熟，活动能力和语言认知能力大为增强，爱动、爱问问题，此时提供的玩具应该有利于提升孩子肢体各部分肌肉群的力量，使他们身体的各项机能得到锻炼，以及能使他们更好地学习语言表达。

(1)选择手扶车、木制拖拉玩具、电动小车。这些玩具可在孩子学习走路时起到很好的作用。孩子在开始走路时，往往会因为摔了几跤，不愿意再站起来走。如果孩子手中有了一种拖拉玩具，家长让他拖着玩具走，或者让他骑着电动小车走，那孩子学习走路就会感到有趣多了。

(2)选择木质、皮质的敲打玩具或一些能用手压、捏而发声的玩具，锻炼孩子的手部肌肉。

(3)选择会"说话"的布娃娃或一些能伴随着音乐活动的玩具。

3.3—6 岁幼儿玩具的选择

3—6 岁幼儿玩具的选择以开发智力为主。这个年龄段的幼儿在认知、情感和体力方面都有了一定的发展，模仿力、想象力都变得较为丰富，所以这时提供给他们的玩具应该丰富一些。

(1)选择拼图、绘图本、油棒笔、彩色笔、拼拆玩具、棋类等益智玩具。

(2)选择积木、塑料拼图、橡皮泥等结构、建筑玩具。

(3)选择球类、绳、哑铃、三轮自行车等体育玩具。

(4)选择炊具、医护用具及布娃娃等角色表演玩具。

除了这些玩具以外，家长不妨动手与孩子一起制作一些简单实用的玩具。通过与孩子一起制作玩具，既能培养孩子的创造性与实践的能力，又能促进家长与孩子之间的亲密关系。

家长要掌握儿童玩具的标识、金属含量及玩具安全标准符号所表示的信息，再根据年龄来选择安全的玩具。对于那些容易导致孩子发生危险的玩具，诸如宝剑、大刀、玻璃弹珠等，选择时必须格外慎重。要根据孩子的调皮程度、年龄大小和懂事程度从严掌握。

十三、怎样培养孩子的自主性?

惠惠的孩子上小学三年级了，习惯了“衣来伸手、饭来张口”，事事依赖家长，没有自理、自立和自主的意识。邻居敏敏的儿子与惠惠的孩子是同班同学，却很自觉，早上自己按时起床，放学回家，自己抓紧时间做作业。惠惠向敏敏求教。敏敏的做法，就是在孩子很小的时候，常分配给孩子一些力所能及的家务劳动，随时随地向他灌输“自己的事情自己做”，注意培养他的自主意识和能力。

自主性指人在活动当中的独立性和主动性，它表现为个体自由地、独立地支配自己言行的一种状态。孩子的自主性最主要体现为他有能力为自己的行为进行自由的选择。

培养孩子的自主性的方法有以下几种。

1. 家长要学会放手，让孩子自己去承担

很多家长对孩子宠着爱着，事事包办代替，孩子反倒不能完成力所能及的事情。俗话说“穷人的孩子早当家”，生活在穷困家庭的孩子，自然就具备了艰苦锻炼的条件。“青少年时期就是自我观念与行为的尝试期。”每个人的成长都会经历尝试——挫折——再尝试——成功的循环过程。在这个过程中，如果父母不

给孩子学习的机会，不让孩子“自己想办法”，孩子翅膀就硬不起来，飞不出父母的窝。这个过程也是学习思考的过程，或许会失败，但孩子从失败或受苦中学到的东西远比你给他的正确指导学到的东西要多得多。当孩子向家长诉说自己与同学发生了矛盾时，家长应鼓励孩子去面对它，指导孩子自己去解决，教孩子方法比直接告诉他解决办法重要。

叶圣陶有一句名言：“教是为了不需要教。”从“需要教”到“不需要教”，这里有一个逐步放手的过程。放手前要“引”，开始“或扶其肩，或携其腕”，让孩子在做的过程中领悟出好办法。

2.家长要给予空间，让孩子独立思考

我国著名儿童教育家陈鹤琴先生说过：“凡是儿童自己能够想的，应当让他自己去想。”遵循这样的原则去教育孩子，就能培养其独立思考的能力。一般家长给孩子讲故事，一个一个地讲，有时还一遍一遍地重复讲，而孩子静静地听着。也有一些家长给孩子讲故事时，把故事的开头、过程讲得特细，但结局不告诉孩子，让孩子根据故事情节去想象结尾会是什么样的，并鼓励孩子说出不同结尾，最后才告诉孩子原故事的结尾。利用孩子的好奇心，以完成故事结尾的方式让孩子参与互动，激发孩子进行想象与思考，这对培养孩子独立思考问题的能力非常有益。

3.家长要给予机会，让孩子有自主选择权

有一位家长带孩子去学校兴趣小组报名，家长本来的意愿是让孩子学唱歌，可是却发现她在舞蹈组门口看得出了神，于是家长尊重了孩子的选择，并提出了要求：对自己的选择要负责，一定要坚持学好。同时让孩子知道：有些事情父母可以提建议，但最后的决定权还在于自己，随着年龄的增大，这样做决定的事会越

来越多。家长不要觉得自己为孩子做的安排都是最好的，剥夺了孩子自己的选择权。

4.家长要创造平台，让孩子自己动手

在生活中有意识地培养和锻炼孩子的独立生活能力，是每一位家长给孩子上的第一堂家教课。一位高校的大二学生，学习成绩很优秀，然而在生活上却经常遇到麻烦。班里搞卫生突击检查，班主任点他的名字，原因是被褥太脏，衣物凌乱。一个缺乏自理能力的人，即使走上社会，也无法适应现代化社会的需要。孩子的自理能力从他有动作能力时就应该开始培养，包括孩子吃东西，学做任何事，处理自己的事情，放手让孩子去做，不要怕孩子做不好。如：一日三餐的制作，家长就可以让孩子一起参与，并告诉孩子煮饭的要领，然后让孩子自己做。无论孩子做得如何，别忘了给予赞美和鼓励。如果家长觉得孩子现在还小，等大点再做吧，那么就会让孩子形成依赖，从而错过培养孩子独立性的最佳时期。孩子的潜力是无穷的，每个孩子都有自我服务能力，需要家长去引导。

意大利幼儿教育家蒙台梭利曾这样说："每一个独立了的儿童，他们懂得自己照顾自己，他们不用帮助就知道怎样穿鞋子，怎样穿衣服，怎样脱衣服，在他的欢乐中，映照出人类的尊严；因为人类的尊严，是从一个人的独立自主的情操中产生的。"

独立自主性的培养是一个长期的过程，所有习惯的养成都贯穿于日常生活中。最好的教是让孩子感觉不到你在教他，父母的榜样示范，无形之中提升了孩子的自主性，良好的行为习惯渐渐就养成了。"习惯养得好，终生受其益，习惯养不好，终生受其累。"

十四、如何对待孩子的逆反心理?

吕科感到刚刚念初中的孩子在“变”。生理上在变,孩子开始发育了;心理上也在变,吕科发现不知从什么时候起,孩子不听话了,甚至“对着干”,你说什么他就偏不做什么。在学校不听老师的话,与老师顶嘴,还与老师对着干,等等。这孩子是怎么了?是不是心理学说的“逆反心理”?

青春期是个体由童年向成人过渡的时期,是一个人生理心理发育的转折期,也是关键期。这个时期的发展非常复杂,充满矛盾,又称为“困难期”“危险期”,思维方面由童年时的形象思维渐变为以抽象思维为主的多种思维方式,他们独立的愿望变得越来越强烈,强烈渴望摆脱家长的束缚。由于“成人感”的形成,便要求与成人相应的社会地位,渴望家长给予他们成人式的信任与尊重。为了表示自己已经成熟和独立,他们常常会用对抗性的言行和态度来突出自我,对任何事物都持批判态度。在这个时期,孩子有逆反心理是正常现象。如果这时家长还把他们当孩子来看待,他们就会厌烦,就会觉得伤害了他们的自尊心,进而产生反抗的心理,萌发对立的情绪。

青春期叛逆是孩子成长的需要,是该年龄阶段青少年的一个突出的心理特点。对于“逆反期”孩子的心理加以正确引导,将使他们一生受益,但如果处理不好,将会影响孩子的心理发育和行为成长。那么,该怎么对待孩子的逆反心理?

1.尊重孩子的独立意识

家长要从孩子的角度出发,尊重其独立自主要求、尊重孩子

的感受、认同他们的情绪。要正确认识青春期、理解逆反期的心理。这个时期的孩子一方面是处在生理心理发育期,一方面是家长、老师的批评、指责、劝告,给他们带来的感觉是不被理解、不被尊重。其实他们的内心还是很脆弱的,很需要父母的理解和支持。因此家长要选择合理的沟通方式,和孩子一起解决青春期困惑。要尊重孩子的自尊心,信任孩子,充分放手让孩子独立处理自己的事情。当产生不良行为时,要用积极、鼓励的教育方式代替简单、粗暴的教育方式,在耐心批评教育后给予安慰,在孩子有好行为时要给予表扬。

2.理解孩子的发展阶段

孩子正在发展,理解孩子意味着父母要认识到孩子与自己在发展水平、对同一事物的理解等方面都是不同的。要接受和尊重这种差异,走进孩子的内心,认识到青春期叛逆是孩子成长的需要,理解少年期多重矛盾的焦点所在。所以家长对青春期孩子的知识应该提前有更多的学习和认识,当你的孩子青春期来临的时候,坦然面对孩子的叛逆,正确面对儿童逆反期这一客观现实,正视少年儿童独立自主的需求,就不会遇到反抗期问题而不知所措,影响孩子心理健康的发展。

3.帮助孩子的健康发展

家长的任务是帮助青春期孩子“找到自己”,教给孩子情绪调控的方法,消除不良情绪,采取积极的应对方法。多与孩子交流。因为只有经常交流和沟通,才能对孩子的内心活动保持关注和敏感。在青春期,孩子虽然表面上反抗父母,实际却有与父母沟通的强烈愿望。对待孩子的逆反行为要保持冷静理智的态度,适时把握时机,耐心地听孩子的话,哪怕对孩子的反抗也要耐心倾听,不要跟孩子硬碰硬，以更好地了解孩子的想法，以便对出现的问题及时采取有效措施帮助孩子健康成长。青春期的孩子身体快速发展，与心理发展速度相对缓慢产生了矛盾，情绪变化快，很多时候会产生极端的情绪，家长要理解这是青少年阶段的特点，保持冷静理智，方可以更好地促进孩子的成长。

当然，每个孩子都有他们不同的性格和特点，要找出孩子和家长都能接受的方式进行有效沟通和教育，和孩子一起解决青春期困惑。

十五、怎样对待孩子的任性？

郑频每次带孩子出去逛街，孩子都要买这买那，不买就撒泼打滚；一旦不顺心意，就哭闹不休。面对任性的孩子，家长有时会又气又急，打也不成，说也不听，叫人烦恼，有点束手无策。怎么做才能改变孩子的任性呢？

任性是孩子的一种不正常心理状态的反映，独生子女特别常见，主要表现为固执、不听从劝告，不接受他人意见，一意孤行。任性的孩子难以与别人友好相处，难以适应集体和社会生活。任性可以说是独生子女的通病，将会严重影响其个人的健康成长。如果缺乏有效的教育，孩子就会逐渐变得蛮不讲理。如果不及时矫正就会严重影响孩子今后的学习、工作、生活。

造成孩子任性的原因是多方面的，但很重要的几个原因是家教不当和教育观念落后，以及父母对孩子的放任自流、宽容娇纵。

父母对孩子有求必应，无原则迁就，觉得还小不懂事，长大后就会好的；对孩子过分粗暴，非打即骂、进行体罚，以自己的任性来对付孩子的任性，更从反面强化其任性；遗传因素也会给孩子

的性格造成一定的影响。另外孩子本身受自制力的限制,不太容易控制得住自己的情绪。

正确对待孩子的任性。从心理学上来讲,孩子在成长过程中有一个心理反抗期。从成长的规律来看,0—6 岁期间的孩子的需求如果得不到合理满足就会变得非常任性。处于性格萌芽期的孩子常有的独立倾向,容易被大人认为是不听话。其实父母们没有意识到,这正是孩子独立性和个性发展的重要标志,是一种正常的心理发展现象。

当孩子任性的时候,可用如下办法。

1.转移法

如孩子在哭,一定要某物不可时,可引导他去看邻居小朋友刚买的新玩具,他的注意力就会转移。孩子的注意力不能持久,易被新奇之物吸引。要扩大孩子的交往范围,让孩子在和其他小朋友的交往中学会控制自己的情绪,学会尊重他人。

2.冷却法

孩子哭闹不止的时候,家长也可以冷处理,先不去处理。让孩子知道,问题不是靠哭闹来解决的。孩子任性、哭闹是为了使大人心软而满足其要求,如果大人不予理睬或去做自己的事情,孩子就会感到没有意思而不哭了。这时再给孩子讲道理,使之懂得任性是不对的,并表扬孩子停止哭闹,改正任性的好表现。

3.控制法

家长在掌握了自己孩子的任性行为规律后,上街之前可用事先“约法”来预防任性的发生。家长要细心解读孩子行为背后的含义,合理的需求要给予尊重接纳和满足,不合理的需求不能迁就，而应加以正确引导，化解孩子的任性行为。家庭内部要统一，不能是一个家长一个样，言行要一致，一旦许诺孩子的就要做到。

当然，解决孩子任性的方法还有很多，关键是在于家长要营造良好的家庭沟通氛围，从小培养孩子良好的行为习惯。播种行为，收获习惯；播种习惯，收获性格；播种性格，收获命运。

十六、怎样应对孩子说谎？

晶晶发现孩子最近总是爱撒谎，这让晶晶很生气，该怎么纠正孩子说谎？

孩子撒谎，不论谎言大小，家长一定要足够重视。

1.理性对待孩子说谎

当家长听说自己的孩子说谎时，应搞清楚孩子是不是真的在说谎。当知道自己孩子撒谎了，要聆听并与孩子沟通，细心判断孩子撒谎的目的，弄清孩子为什么要说谎，这是非常重要的。有些是孩子的无意说谎，有些是孩子的有意说谎。对于孩子的有意说谎，家长要及时揭穿其谎言，并让孩子明白说谎是要受批评的。面对孩子撒谎，不要张口就骂，怒斥孩子，举手就打，如果家长用简单粗暴的方式，孩子会因为惧怕而用更多的谎言去掩盖前面的谎言，从而对孩子造成心理伤害。

年龄小、想象力、创造力丰富的孩子更易进行想象型撒谎，尤其是4—6岁的孩子，正是俄狄浦斯期，这个时期正是“超我”形成的时候，分不清幻想和现实。面对这些无伤大雅的谎言，不必去当面拆穿他，还要适当鼓励儿童的想象和创造。

2.不乱贴负面标签

孩子说谎往往并不是为了故意伤害他人，家长不要轻易将孩子的说谎行为与孩子的品质画等号，切忌不要轻易用“你又撒谎”“那么小就骗人，长大必然学坏”这些负面的词句给孩子贴标签。这些负面词句会使孩子幼小的心灵受到伤害，并会产生逆反心理，可能会使孩子今后说更多的谎，成为今后不良行为的导火索。让孩子从内心改变说谎的不良行为，要告诉孩子即使说谎蒙骗过关，也不过是暂时的。诚实会减轻对他过失的惩罚，撒谎则会受到更严厉的惩戒。

3.榜样示范教育

言传身教是最好的老师，发现小孩撒谎，家长应首先检查自己，孩子处理问题的方法，多半是受父母影响的。家长应当在诚实正直方面为孩子做个表率，用诚实和正直的态度对待孩子，教导孩子诚实的重要性。从小“狼来了”的故事都会被父母一再讲起，撒谎的孩子得不到信任和帮助，会酿成惨痛的后果。还有华盛顿小时候砍樱桃树的故事。有一天，华盛顿在园里砍了一株樱桃树，他的父亲知道了，非常气愤，华盛顿急忙跑去承认，说是他砍的。这时他的父亲不但不责备他，反而表扬他，鼓励他以后也要这样诚实。以后华盛顿做到事事诚实，绝不说谎，最后成就了伟大的事业。

在纠正孩子说谎这个问题上，家长要坚持一致性和针对性的原则，教育孩子诚实做人，多关注孩子的心理需求，倾听、尊重并接受孩子合理的要求，用心营造良好的诚信家风，为孩子塑造良好的道德品质。

十七、如何对待孩子的调皮捣蛋?

黄敏的孩子上小学了,不管在家还是在学校都非常调皮捣蛋,不但上课不专心,还欺负同学。黄敏十分头疼,该怎么办呢?

活泼调皮是儿童的天性,有的孩子精力特别旺盛,行为特别好动,总是在不停地做这做那。家长要以审慎的态度对待孩子的调皮淘气行为,不要以自己的一知半解给孩子乱贴标签。面对孩子的调皮捣蛋,除了抱怨就是责备,这个做法是对孩子极其不负责任的。

但是孩子若过分调皮就需引起注意:

1.建立良好的行为习惯

孩子的成长离不开规范和限制,要为孩子树立正确的行为规范。每当孩子出现冲动行为,犯错误的时候,家长必须告诉孩子应该怎样做,并让其做一遍,尽可能建立良好的习惯。相反,在孩子做了正确的行为后,应立即鼓励孩子。行为矫治贵在坚持,只要坚持一段时间,孩子的行为就能逐渐改善。

2.给予孩子足够的耐心

虽然家长付出了努力来纠正孩子的行为,但是由于孩子的控制能力弱,可能一开始在很长时间内收效甚微。切忌操之过急,应保持平静的心态与孩子沟通。当孩子过分捣蛋并出现攻击性行为时,父母要及时制止,无效时可适度惩罚,要克服简单粗暴的打骂。对孩子的良好表现给予及时的肯定、表扬和鼓励,帮助孩子树立形成良好行为的信心,最终一定会取得良好的教育效果。

3.抽时间陪伴孩子学习

家长要为孩子创造良好的学习环境，抽时间陪伴孩子学习，以了解孩子每天的作业完成情况，同时观察孩子可静坐及集中注意力的时间有多长。根据孩子情况，为孩子安排动静交错的活动，让精力充沛的孩子生活更充满活力。并随着孩子年龄的增长，逐渐延长其安静活动的时间。

十八、留守妈妈如何教育孩子?

婷婷的孩子刚上小学，丈夫为家庭日子过得更好些就出去打工了，她留守家里操持田地，打理家务，对孩子的学业和成长的关注很少。在父亲“缺位”的情况下，母亲如何教育好孩子呢?

1.多关注孩子的生活

全面关注孩子的情感需求和心理发展。当孩子在学校里取得好成绩或在某项活动中的表现受到奖励时，妈妈要善于抓住时机，在肯定和鼓励的基础上，给孩子提出新的目标和要求。多留心孩子的情绪变化，如果孩子闷闷不乐，无论多忙，也要挤出时间和孩子交流谈心，静下心来倾听孩子诉说，及时化解不良情绪。

2.避免依恋缺失

为了让孩子感到他在父亲心目中的重要地位，父亲要定时跟孩子通个电话，或发个短信，关心孩子的生活、学习情况，使孩子闻其声如见其人，感到父亲时时刻刻都在身边，都在惦念着自己。有的母亲因为担心孩子想念父亲而尽可能避免提及父亲，这样反而不利于孩子与父亲的沟通，应该让孩子合理地倾诉对父亲的想念，满足孩子与父亲之间的情感需求。

3.提高孩子的家庭参与程度

父亲不在家时，母亲要充分利用这个特殊的时机锻炼孩子的独立能力。遇到家庭事务与孩子商量，听听孩子的意见，让孩子做些力所能及的家务劳动，参与家庭管理，这不但能增强孩子的自我服务能力，还能提高孩子分辨是非、思考问题的能力，使孩子受益终身。

一位心理学家说："教育的成效不直接取决于完整家庭还是不完整家庭。"所以，虽然父亲不在家会给孩子的教育带来一些缺憾，但是也不是必然会对孩子的成长产生负面影响，只要妈妈调整好和孩子的关系，采用正确的教育方法，反倒可以培养孩子的独立能力。

十九、如何解决教育孩子不一致的问题?

小萍 11 岁的儿子，常在学校闯祸。每次家长会后，丈夫都会对儿子发脾气，有时还会动手打几下。但小萍认为男孩子免不了淘气，应该好好和孩子讲道理，光发脾气解决不了问题。为儿子的教育问题，夫妻俩常争吵。丈夫还认为孩子课余应该参加几个课外班，而小萍认为这么小的孩子没必要增加课外学习负担。这让他们夫妻都很苦恼，该怎么办?

家庭教育意见不一致对孩子最大的影响就是会导致孩子形成双重人格，当父母对子女要求不一致时，会使孩子无所适从，造成家庭教育者管教要求之间的矛盾。其实，在对孩子的教育上，夫妻双方都是以教育好孩子为出发点的，但由于在家庭中，夫妻

双方教育背景、理念、文化水平、个性特点等方面的差异，双方看待问题的角度也会有所区别，难免在对孩子的教育上产生分歧，容易出现不一致性。

夫妻家庭教育不一致，是家庭教育的一个大忌。只要夫妻双方相互协商、求同存异，是可以找到最佳的办法为孩子营造良好的家庭教育环境的。因此，父母在教育孩子的时候要注意：

1. 夫妻双方加强沟通

夫妻双方要保持心平气和的沟通心态，认真分析双方的家庭文化及成长经历中各自的价值观，然后通过协商设定统一的原则，确定好原则后在教育中夫妻保持一致，共同制定亲子教育方案，互相理解、互相商量，尽可能在原则问题上达成共识，并在对待孩子的态度上始终保持一致。

2. 要管理好自己的情绪

家长的要求不一致时，会引起分歧和争吵，这时家长应设法避免在孩子面前起争执，有不同的意见保留到私下谈。如果将不一致暴露在孩子面前，孩子往往会喜欢袒护自己的一方，抵触批评自己的一方。孩子有一种本能的自我保护心理，他们会利用父母对自己的意见分歧来寻找有利于自己的保护伞，学会钻空子、为自己的过错开脱，这不利于孩子健康成长，而且直接影响家庭教育的效果。

3. 增强家庭教育的一致性

在对孩子进行家庭教育的过程中，家庭成员要互相配合、协调一致，使孩子的品德和行为按照统一的要求发展。家长的合力教育能使孩子成长得更好。如果家庭中有老人帮忙照顾小孩，一定要与老人沟通好，讲清道理，耐心开导，以求同心协力把孩子教育好。家庭成员要从有利于孩子身心健康的立场出发，看教育方式是否有利于孩子的发展，来协调家庭教育中出现的分歧。在达成较为一致的意见后，再向孩子提出来。教育家马卡连柯曾经说过这样一段话："不要认为只有你同孩子谈话，教训他、命令他的时候，才是教育。你们是在生活的每时每刻，甚至你们不在场的时候，也在教育着孩子。你们怎样穿戴，怎样同别人谈话，怎样谈论别人，怎样欢乐或发愁，怎样对待朋友或敌人，怎样笑，怎样读报——这一切对孩子都有着重要的意义。"家长作为家庭教育的责任人，一定要保持教育的一致性与实效性。

二十、如何应对祖辈溺爱孩子?

小娟的孩子 6 岁了，公公婆婆从孩子出生就帮着照顾孩子，很溺爱孩子，常常对孩子无条件地迁就。小娟每次教育孩子时，老人总是袒护，孩子的任性越演越烈，养成的一些很不好的习惯很难得到纠正。小娟该怎么办呢？

1. 耐心与老人沟通

祖辈疼爱孩子本身没有错，关键是怎样和老人沟通。祖辈和父母辈是两代人，除了在年龄上有较大的差异外，思想方法、生活经历、个人爱好、生活习惯、社会条件以及所受到的教育等等，都存在很大差距。在教育晚辈方面持有不同的意见、态度和方法是正常的。祖辈对孙辈一般都有溺爱娇惯情结，需要统一认识，择善施教。与老人沟通的态度要诚恳而尊重，而不是一味地指责，要陈述正确教育孩子的责任以及溺爱孩子的危害性，共同配合教

育好孩子。祖辈家长要注意学习新知识，接受新思想，用现代科学知识教育孩子。

2.增加父母与孩子的交流

不管多么忙，都要抽时间与孩子在一起，不要把对孩子的教育、抚养完全交给祖辈。抽出时间与孩子交流，一起进行各种家庭活动，如看电视、出游等。父母与孩子的感情好了，孩子自然会更尊重父母的意见和建议。祖辈家长要摆好自己的角色定位，不要当面干涉父母教育孩子，创造机会让孩子和其父母多接触，沟通感情，共同营造一个有利于孩子健康成长的家庭教育氛围。

3.进行行为矫治

想办法与老人沟通，告知溺爱对孩子非常不利。家人要步调一致，通过一些必要的教育手段来及时纠正孩子的不良习惯，避免行为方式固化以后难以改变。

“隔代亲”是人类普遍的心理现象，只要在正常的范围内，就有助于家庭成员的和谐。多沟通、多交流，化解两代人育儿方面的差异与矛盾，彼此做一些妥协与让步，选择对孩子健康成长最有利的方式。

二十一、如何教育留守的孩子?

“让爱住我家，家里住着爸爸和妈妈”，这是一句简单朴素的歌词，也是小女孩娟娟挂在嘴边最多的一句歌词。或许，在她幼小的心里，永远都有这样一个念想。也许，在每晚的梦境里，她的幻想才会出现。娟娟自懂事起，就一直生活在爷爷奶奶的身边。实际上，她妈妈在生下她的第 3 个月，在未完全断奶的情况下，就迫于生计，忍痛割爱，远赴佛山南海某厂打工赚钱。娟娟随着年龄的增长，慢慢变得沉默寡言了，她有想法不愿意与人交流，更多的是在日记里倾诉，“怨恨”是日记中频繁出现的词语，“每次家长会大家异样的眼光让我生不如死”“孤儿一样，没有一个家的感觉……”反抗、叛逆成了她的代名词，逃课、向爷爷奶奶撒谎成家常便饭，玩失踪成了反击爷爷奶奶责骂的撒手锏。

留守儿童在20世纪80年代，农民大规模进城务工时就已出现。据不完全统计，至2016年，留守儿童人数接近9000万。

在家庭教育中，父母是最关键的角色。然而，父母在离开家庭，远赴城市打工之后，如果忽略了自己作为家庭主体角色的责任，只顾赚钱养家，让孩子跟随祖父母辈或者亲朋好友生活，对正处在生理和心理发育、人生观形成的关键时期的孩子来说，教育不到位，很容易产生心理方面的问题。

所以在这里建议父母：

1. 慎重权衡取舍

应该认识到“父母双全”对孩子成长的重要性，尽量不要双方同时外出打工。如果在农村的收入确实无法供养这个家庭的话，可以让夫妻双方中文化水平较高的一方留在家里照看孩子。而且，最好是母亲留在家里。如果夫妻双方都不得不外出打工，那么，尽量将小孩带到打工所在地接受教育。为了生活虽然不可避免地要做出取舍，但应多回家看看，给孩子陪伴和关爱才是最重要的。

2. 定期沟通和交流

父母在外再忙再累，也一定要及时和全面地了解子女的情况。第一，要利用各种渠道，比如微信、电话等定期与孩子进行交

流和沟通，而且交流要频繁一点，要对孩子倾注更多的关爱。第二，要向老师和临时监护人多了解孩子的学习、生活情况。通过这些行动，能够让孩子感受到父母的关爱和温暖。

3.慎重选择托管人

孩子是父母的希望，再也没有比教育孩子更重要的事。父母外出一定要选择值得信赖的、能承担起抚养孩子重任、具备管好孩子的能力和有责任心的托管人。尽量不要让孩子独自留守在家。很多父母外出时，托管人选择不当，造成孩子受到伤害或者产生了心理行为问题，修补起来非常困难，此时就悔之晚矣。

4.对孩子的爱要有原则

孩子需要情感关怀和人生的指导，需要督促和勉励。不能随便用多给零花钱、满足孩子不合理的要求来补偿对孩子的爱。这样导致的是对要求的放松和原则的失效，使孩子娇惯、任性及挥霍、攀比和不思进取。

二十二、怎样帮助孩子消除心理疲劳?

王萌经常听到孩子在放学回家后常喊“累得不想做作业了”。这种“累”有可能是孩子在紧张学习之后产生的一种疲劳感。疲劳有两种：一种是生理性疲劳，一般是由于生理上的超负荷而引起的，这种疲劳能在短暂的较充分的休息之后消除，体力也得以恢复。另一种是心理性疲劳，则是因心理上的弦绷得太紧而导致的疲倦感。这种“累”不仅使人学习的热情明显降低或兴趣全无，甚至产生抵抗情绪。一旦发现孩子经常处于“疲劳”状态，首先要分清楚，孩子是属于哪种疲劳。

1.孩子心理性疲劳的表现

（1）孩子变得不爱上学，甚至每到上学前，孩子就喊“肚子疼”“头痛”等。一看书就犯困，上课时无精打采，课后却十分活跃，表现为“玩不够”。

（2）有的孩子无缘无故地不想上学，产生厌恶学习与逃避现实的心理。

（3）不愿父母过问学习上的事情，对父母的询问常保持沉默，或者表现烦躁。

心理性疲劳最为复杂，它与各种不愉快的情绪或心情有关，休息不能消除这种疲劳，只有在心情舒畅时疲劳才会减轻或消失。家长不能忽视这种隐藏着的疲劳。

2.减轻心理性疲劳的方法

（1）要及时为孩子做调理。要观察一下孩子的生活，看看孩子的压力是否过大，要及时为孩子减压，让孩子减少疲劳感。要根据孩子的实际状况设立合理目标，对孩子的成绩要纵向对比与横向对比相结合，即与孩子以往成绩纵向比，和同学横向比，不能以偏概全。比如考砸了、被老师批评等，孩子会感到压抑和不知所措，对孩子的学习不能单纯地从分数的高低来衡量，要考虑诸多方面的因素。要及时帮助孩子学会面对压力，在对孩子严格要求的同时又要表示关爱、理解和包容，切不可简单粗暴，损害孩子的自信心。

（2）要倾听孩子的心声。要想帮助孩子消除压力，首先要了解孩子心理上有什么压力，产生心理性疲劳的原因是什么，所以家长必须听听孩子的倾诉，带着爱“放下身段”去倾听，真诚耐心地听孩子说话，进而走进孩子心里去。还要抓住有利的时机，有

针对性地帮助孩子，解开心结。

(3)要与老师保持联系，与孩子沟通在学校的学习情况，这样才能更好地关爱孩子。父母不能忽视孩子的心理需求，当孩子情绪低落时，要安慰与疏导孩子。生命是条单行线，在孩子成长的过程中，作为关键的引路人，家长要尽心尽责。

二十三、如何面对自闭症孩子?

自闭症又称孤独症，是家长必须重视的一种精神和心理疾病。自闭症患儿的症状主要表现为，孩子不愿和人交流，整天沉迷于自己的世界，多数孩子不开口说话、生活自理能力差、学习有明显障碍、接触新鲜事物的欲望和能力较弱等等，严重的还会有自残或暴力的倾向。家长是自闭症孩子的第一任老师，对孩子的教育将影响到孩子的一生，面对孤独症孩子，父母要依据孩子的发育状况，用爱心、耐心帮助他。

1.常和孩子说话

自闭症孩子绝大多数语言发育迟缓，有的甚至丧失语言能力。他们面临的共同难题就是学会说话，他们想要家长做什么事情，都是拉着家长上前指向这个东西，或通过哭闹、打滚，甚至自残等行为去表达愿望和要求，从不开口说话。家长要确立信念，坚信孩子受训后，会比现在有进步。

2.接纳孩子的负面情绪

当自闭症孩子产生负面情绪时，倾听，用心倾听，读懂孩子的情绪。当自闭症孩子闹情绪时，不要嘲笑和贴标签，不要着急，更不要一味地指责孩子。要心平气和地接受孩子的负面情绪，帮助

自闭症儿童释放负面情绪。

3.帮助孩子交流互动

自闭症孩子想要别人什么东西时，常常用“抢”的方式，家长可以和他做一些“交换”互动，让他学会“等待”。用他能够理解和表达的方法来教他适当地表达需求，进而达到消除暴力行为的目的，帮他建立良好行为，消除不良行为。

4.多赞扬和鼓励

不要把自己孩子跟别的孩子比较。每个孩子都有自己的长处和不足，只要跟自身比有进步就好。对孩子取得的一点点进步，即便是微不足道的，我们也应该给予充分的赞扬和鼓励。你会发现，孩子在你的赞扬下会很有成就感，要让孩子对自己充满自信。

5.带孩子到正规医院进行治疗

自闭症是神经系统失调导致的发育障碍，家长不能因为紧张焦虑就盲目乱投医，只有寻求专业的机构与专家系统地设计孩子的训练计划，寻求最有效的训练模式，挖掘患儿潜力，提高其语言能力，促进其与他人交流，融入同龄群体，矫正行为异常，才能让他们尽量回归社会。发现孩子有不同于同龄孩子的异常现象，不要忽略，要引起重视，到专业机构进行检查评估。早发现，早干预，早见效。

小贴士　父母必须掌握的六大急救常识

15岁以下的孩子在家里发生意外是司空见惯的事，有调查表明，60%的父母几乎没有任何急救常识。

1. 烫伤或烧伤

迅速将孩子烫伤或烧伤的部位放到凉水中，至少冷却10分钟，这可以减轻伤处的肿胀程度。然后将伤口附近的衣服脱掉或剪开。如果衣服和伤口粘在了一起，不要动它，等待医生处理。如果伤口面积比孩子的手掌还大，就要用干净的保鲜膜或没有绒毛的布把伤口盖起来，马上送去医院。

2. 流鼻血

让孩子坐下，头向前倾，使鼻血顺利流出来。然后让他用手捏住鼻子，用嘴呼吸。10分钟后，如果血还没有止住，就再压两次，每次10分钟。

止血后，把鼻子擦干净，告诉孩子不要说话，不要咳嗽，也不要擤鼻涕，以避免将刚刚凝固的血块弄碎。但如果鼻血流了30分钟还没有止住，就必须送医院了。

3. 拉伤或扭伤

首先要用小毛巾包几块冰冷敷10分钟，然后帮他们绑上绷带，将伤处抬高，让血流减缓，这样可以减轻青肿和瘀血的程度。

4. 触电

如果孩子触电后还没有脱离电源，你绝不可以碰他，第一件事情是切断电源。如果一时找不到开关，你可以站在一个干燥的绝缘物体上(如一本厚厚的电话本或一摞报纸),把电源拉开。

紧接着应检查孩子的呼吸,即使他已经失去知觉,但只要呼吸正常问题就不大。触电在人体表面留下的伤痕面积可能不大,但对孩子的内脏可能有伤害,因此一定要叫救护车。

5. 中毒

如果孩子误食了有毒物质,一定要叫救护车。在救护车到达之前,要让孩子保持静止不动。如果有可能,找出他吃下了什么,并带一点到医院化验。

不要强迫孩子呕吐,这有可能让食道和胃进一步受到伤害,假如孩子本能地呕吐,要把呕吐物收集起来带到医院。假如孩子感到食道或口腔有烧灼感,可以让他喝点牛奶。

6. 呛噎

如果孩子突然猛烈咳嗽,可能是因为被东西呛到。父母应立即看看孩子嘴里是否有东西。如果不必把手伸到喉咙就可以够到噎住的东西,就赶紧掏出来;要是不行,就让孩子趴在自己的腿上,用手掌拍他的背部。不到 1 岁的孩子要让他趴在自己的前臂上,扶好头颈。

如果这一招不奏效,则应让孩子翻过身来,仰面躺下,用手托住他的头,使头的位置低于整个身体。用两个指尖,向内并向上推孩子的胸骨,每 3 秒推一次,每推一次都要看孩子喉咙里是否有东西出来。对于大孩子,如果拍后背不管用,可让他站在身前,把你的拳头放在他的腹部和最下面的肋骨之间,猛力向内并向上用力。如果喉咙里的东西还是不出来,再重复背部的拍打。以 5 次背部拍打和 5 次正面推动为一个单元,反复进行。3 个单元后,如还没有缓解，就叫救护车。在救护人员到达前，要不断重复急救动作。

资料来源：中原英臣《医生没告诉过你的养生法》（有改动），陕西师范大学出版社 2009 年版。

第六章
暂时的人生窘境

阳光的心　正视常见心理问题

“最近心很累”“怎么样都高兴不起来”……这些话对大多数人来说可能都不陌生。女性既要扮演妻子、母亲、儿媳的家庭角色，还必须承担生产劳动的角色。在生活、劳动生产的重压之下，女性容易产生焦躁、倦怠、失眠、焦虑和抑郁等心理疾病。调节心理困扰成为现代生活必须掌握的技能。本章通过讲解各种心理疾病及其特点，帮助你学会应对的方法，让自己的生活每天都充满阳光。

一、人人都可能有心理问题

心理问题就像感冒一样，人人都免不了要经历。人生活在纷繁复杂的大千世界里，会遇到各种各样的情况与困难，一时难以解决，就会情绪低落，茶饭不思。如碰到天灾人祸的打击，就会产生痛苦与消极的情绪，这就是通常说的“心病”。虽然现在农村物质生活水平有了显著提高，但精神、经济、创业上的压力也越来越大，所以生活和工作中遇到的问题和困惑也随之越来越多。

例如，小菊和大力谈恋爱有两年了，可自从大力进城打工，就很少来信、来电话。小菊想：“大力一定和别人好了！”所以小菊近来沉默寡言，也不爱说笑了。刘大妈进城购物，被小偷偷去500元钱，她总觉得对不起儿子：“那是儿子打工挣来的。”自此刘大妈吃饭没了胃口，经常做噩梦……类似的实例说明，人人都有可能患“心病”。

情绪消沉、心情不好、焦虑、恐惧、人格障碍、变态心理等消极的与不良的心理，都是心理问题。（严格来说，心理问题无褒贬之意，既包括积极的，也包括消极的。）一般人很容易将“心理问题”单纯理解为“心理疾病”，实际上心理问题有程度的差别，心理问题和心理疾病并不能画等号。

心理问题一般从健康状态到心理疾病状态划分为四个等级：

1.心理健康状态

本人不觉得痛苦，即在一个时间段中快乐的感觉大于痛苦的感觉。他人也没有感觉到异常，即没有出现与周围环境格格不入的现象。能发挥自身能力，胜任家庭和社会角色。

2.不良状态

这个状态是介于健康状态与疾病状态之间的状态，是一种亚健康状态。这种亚健康状态可能是由个人心理素质、生活压力、身体不良状况等因素引起的。一般来讲，持续时间短暂，一周以内能得到缓解。不影响日常的工作学习和生活，只是感觉到的愉快少于痛苦。在这种状态下，大多数人自己就能调整，少部分人需要寻求心理医生的帮助。

3.心理障碍

处于这个状态的当事人的外在表现可能为：出现幼稚状态、停滞状态或者偏离状态。对环境和敏感的事物有强烈的心理反应，而且不能完成正常的社交活动，需要寻求心理医生的帮助。

4.心理疾病

当事人会有明显的躯体不适应感及强烈的心理反应，容易出现记忆力下降、抑郁、紧张焦虑、行为失常等等病症。这个状态的病人不能完成其社会功能，甚至会有自杀的倾向，需要专科医院的心理医生对其进行治疗。

相关链接：

常见的心理疾病

1.神经症种类

精神障碍中的神经症也称神经官能症。它对人的身心两方面都有影响。

(1)恐怖性神经症:又称恐怖症、恐惧症,是以恐怖症状为主要临床表现的神经症,所害怕的特定事物或处境是外在的,尽管当时并无危险,恐怖发作时往往伴有显著的植物神经症状,患者极力回避所害怕的处境,本人也知道害怕是过分的,不应该的或不合理的,但并不能防止恐怖发作。

(2)焦虑性神经症:又称焦虑性神经症,以广泛性焦虑症(慢性焦虑症)和发作性惊恐状态(急性焦虑症)为主要临床表现,常伴有头晕,胸闷,心悸,呼吸困难,口干,尿频,尿急,出汗,震颤和运动性不安等症,其焦虑并非由实际威胁所引起,或其紧张惊恐程度与现实情况很不相称。

(3)强迫性神经症:简称强迫症,以反复的持久的强迫观念或强迫动作为主要症状,这些症状出于病人的内心,不是自愿产生的,而是病人不愿意想的,明知是不合理,但不能摆脱,使病人感到痛苦,与其本人的人格格格不入。

(4)抑郁性神经症:又称神经症性抑郁,是由社会心理因素引起的一种以持久的心境低落状态为特征的神经症,常伴有焦虑,躯体不适感和睡眠障碍,患者有治疗要求,但无明显的运动性抑制或精神病情症状,生活不受严重影响,本症国际上通称为“心境恶劣”。

(5)癔症:癔症一词的原有注释为“心意病也”,也称为歇斯底里症,是一种较常见的神经病,以乡村多见,目前认为癔症患者多具有易受暗示,喜夸张,感情用事和高度自我中心等性格特点,常由于精神因素或不良暗示发病,可呈现各种不同的临床症状,如感觉和运动功能有障碍,内脏器官和植物神经失调以及精神异常,这类症状无器质性损害的基础,它可因暗示而产生,也可因暗示而改变或消失。

(6)疑病性神经症：又称疑病症，指对自身感觉或征象做出不切实际的病态解释，致使整个身心被由此产生的疑虑、烦恼和恐惧所占据的一种神经症，以对自身健康的过分关心和持难以消除的成见为特点，患者怀疑自己患了某种事实上并不存在的疾病，医生的解释和客观检查均不足以消除其看法。

(7)神经衰弱：神经衰弱是指由于某些长期存在的精神因素引起脑功能活动过度紧张，从而产生了精神活动能力的减弱，其主要临床特点是易于兴奋又易于疲劳，常伴有各种躯体不适感和睡眠障碍，不少患者病前具有某种易感素质或不良个性。

(8)其他神经症。其共同点是：①起病常与素质和心理等社会因素有关；②存在一定的人格基础，常常自感难以控制本应可以控制的意识或行为；③临床上呈现出精神和躯体方面的多种症状，但无相应的器质性基础；④一般意识清楚，与现实接触良好，人格完整，无严重的行为紊乱；⑤病程较长，自知力完整，要求治疗。

资料来源：徐传庚、宾映初主编《心理护理学》，中国医药科技出版社2012年版。

2.八种人格障碍

患有人格障碍的人性格偏离正常形态，会给社会生活和人际关系带来障碍。

(1)偏执型人格障碍：以猜疑和偏执为特点。表现为敏感多疑，心胸狭隘，自尊心过强，经常无端怀疑别人要伤害欺骗自己。对自己的能力估计过高，惯于把失败归咎于别人。经常与他人争辩、对抗，人际关系差。

(2)分裂型人格障碍：以情绪冷淡、缺乏亲切感及人际关系明显紧张为特点。表现为性格严重内向，孤僻，对人冷漠，缺乏情感体验，行为怪异，爱幻想或有奇异信念，等等。

(3)反社会人格障碍：以行为不符合社会规范，对他人漠不关心，缺乏同情心为特点。他们往往缺乏正常的友爱，缺乏骨肉亲情，没有焦虑和罪恶感，常有冲动行为，行为放荡，无法无天。

(4)冲动型人格障碍：以情感爆发伴明显行为冲动为特征。对事物往往做出爆发性反应，稍不如意就火冒三丈，易于爆发愤怒冲动或与此相反的激情。行为有不可预测和不考虑后果的倾向。

(5)表演型人格障碍：以人格不成熟，情绪不稳定，受暗示性和依赖性强，感情用事和喜欢用夸张言行吸引他人注意为特点。表现为表情丰富，矫揉造作，爱表现自己，经受不起批评，任性，自我为中心，富于幻想，等等。

(6)强迫型人格障碍：以过分谨小慎微，严格要求，追求完美及内心的不安全感为特点。表现为对任何事都要求过高，常拘泥于细节，犹豫不决，反复检查，有洁癖，主观，固执，等等。

(7)焦虑(回避)型人格障碍：以懦弱胆怯，自幼表现胆小，易惊恐为特点。有持续和广泛的紧张、忧虑感觉。敏感羞涩，对任何事情都表现得惴惴不安。

(8)依赖型人格障碍：以缺乏独立性，经常感到自己无助，将自己的需求依附于他人为特点。这类人过分顺从他人的意志，要求和容忍他人安排自己的生活；当与他人的亲密关系终结时有被毁灭的体验；有一种将责任推给他人来对付逆境的倾向。

资料来源：张瑞星、沈键主编《医学心理学》，同济大学出版社 2015 年版。

二、怎样防治焦虑症?

家住城郊接合部的小张最近遇到了一件烦心事，房子要拆迁了。但她根本不愿意搬家，主要是现在的房子周边环境好，给出的拆迁赔偿款也不理想。这段时间，她每天都睡不着觉，心烦意乱，充满恐慌和紧张，什么事情都不能安心地做，提心吊胆，担心哪天自己不在家房子就被人拆了。她应该怎么办?

小张的表征与焦虑症相似。焦虑症是一种常见的神经症，与身体疾病或生物功能障碍、认知过程因素、应激事件等有关。焦虑症是以突如其来和反复出现的莫名恐惧与焦虑不安为特征的一种神经症，会在家庭生活或工作中受挫折、亲人变故、人际关系冲突等较强的心理因素刺激下产生。焦虑症表现为：易被激惹、坐立不安、注意力下降、缺乏安全感，常常预感到最坏的事情将要发生，心神不定，过分警觉。同时，伴有植物神经紊乱，出现躯体不适症状，如手指麻木、四肢发凉、胸部有压迫感、食欲不振、胃部烧灼感等。

焦虑症的危害往往被忽视，但其严重时有可能引发身心疾病等并发症，影响正常的生活。要做到早发现、早预防，规范治疗才是维护健康的有效途径。

1. 认知疗法

正确认识和对待焦虑症，应认识到焦虑症不是身体器官出了问题，对生命没有直接威胁，是可以治疗的。短期的焦虑情绪，可通过自我调适或心理咨询予以缓解和消除，不用过分担心。出现了焦虑症的症状后，自我心理疏导非常关键。由于焦虑症患者多有预期性焦虑，对未来的焦虑发作产生预期恐惧。在发作时出现的躯体反应和情感反应都是正常的，应坚信自己所担心的事情是根本不存在的，给自己一些积极的心理暗示，保持乐观心态，树立起战胜焦虑症的信心。

2.心理疗法

通过心理医生的心理干预和疏导来减轻焦虑症患者的心理压力。可以学习放松法，通过掌握呼吸调节、放松全身肌肉的方法来消除杂念，转移注意力，让身边的事情顺其自然地发展，达到减轻焦虑的目的。当你面临情绪紧张时，不妨做深呼吸，有助于从紧张情绪中解脱出来。

3.行为疗法

学会正确处理各种应急事件的方法，增强心理防御能力。在日常生活中培养广泛的兴趣爱好，多跟朋友交往，让心情保持愉悦。焦虑症是由多种因素造成的大脑疾病，不要歧视焦虑症患者，家庭社会的支持能帮助焦虑症患者更快地康复。多休息及睡眠充足也是减轻焦虑的一剂良方。

4.生物反馈治疗

生物反馈治疗也有较好的效果。如身心平衡放松训练、系统脱敏训练等一系列综合治疗手段，能系统地治疗焦虑症。

焦虑自评量表

指导语：下面有20条题目，请仔细阅读每一条，把意思弄明白，每一条文字后有四个格，分别表示：没有或很少时间（过去一周内，出现这类情况的日子不超过一天）；小部分时间（过去一周内，有1—2天有过这类情况）；相当多时间（过去一周内，3—4天有过这类情况）；绝大部分或全部时间（过去一周内，有5—7天有过这类情况）。“1”表示没有或很少时间有；“2”是小部分时间有；“3”是相当多时间有；“4”是绝大部分或全部时间都有。

量表内容

1.我觉得比平常容易紧张和着急（焦虑）

1□　2□　3□　4□

2.我无缘无故地感到害怕（害怕）

1□　2□　3□　4□

3.我容易心里烦乱或觉得惊恐（惊恐）

1□　2□　3□　4□

4.我觉得我可能将要发疯（发疯感）

1□　2□　3□　4□

*5.我觉得一切都很好，也不会发生什么不幸（不幸预感）

1□　2□　3□　4□

6.我手脚发抖打战（手足颤抖）

1□　2□　3□　4□

7.我因为头痛、头颈痛和背痛而苦恼（头疼）

1□　2□　3□　4□

8. 我感到容易衰弱和疲乏(乏力)

1□ 2□ 3□ 4□

*9. 我觉得心平气和,并且容易安静坐着(静坐不能)

1□ 2□ 3□ 4□

10. 我觉得心跳得很快(心悸)

1□ 2□ 3□ 4□

11. 我因为一阵阵头晕而苦恼(头晕)

1□ 2□ 3□ 4□

12. 我有晕倒发作或觉得要晕倒似的(晕厥感)

1□ 2□ 3□ 4□

*13. 我呼气、吸气都感到很容易(呼吸困难)

1□ 2□ 3□ 4□

14. 我手脚麻木和刺痛(手足刺痛)

1□ 2□ 3□ 4□

15. 我因为胃痛和消化不良而苦恼(胃痛和消化不良)

1□ 2□ 3□ 4□

16. 我常常要小便(尿意频数)

1□ 2□ 3□ 4□

*17. 我的手脚常常是干燥温暖的(多汗)

1□ 2□ 3□ 4□

18. 我脸红发热(面部潮红)

1□ 2□ 3□ 4□

*19. 我容易入睡,并且一夜睡得很好(睡眠障碍)

1□ 2□ 3□ 4□

20. 我做噩梦(噩梦)

1□ 2□ 3□ 4□

焦虑自评量表(Self—Rating Anxiety Scale,SAS)由Zung于1971年编制。含有20个项目、分为4级评分的自评量表,用于评出焦虑病人的主观感受。

评分方法

SAS采用4级评分,主要评定症状出现的频度,其标准为:“1”表示没有或很少时间有;“2”表示有时有;“3”表示大部分时间有;“4”表示绝大部分或全部时间都有。20个条目中有15项是用负性词陈述的,按上述1—4顺序评分。其余5项(第5,9,13,17,19)注*号者,是用正性词陈述的,按4—1顺序反向计分。

分析指标

SAS的主要统计指标为总分。将20个项目的各个得分相加,即得粗分;用粗分乘以1.25以后取整数部分,就得到标准分。

结果的解释

将20个项目的各个得分相加,即得总粗分,总粗分的正常上限为40分。将总粗分乘以1.25以后取得整数部分,就得到标准分。标准分低于50分为没有焦虑,50—59分为轻度焦虑,60—69分为中度焦虑,70分以上为重度焦虑。这个测试表只是一个初步的筛选,真正的诊断结果仍然需要专业医生来判断。

资料来源:叶锡勇,杨玉琴主编《健康评估实训指导》,江西科学技术出版社2011年版。

三、如何克服强迫症?

傅铬的妻子小鹊30岁,是个漂亮能干、性格开朗的人。可自从傅铬进城打工,小鹊出门的时候明明锁门了,但是出去后又怀

疑门没有锁好，又回去重新一遍遍检查门窗是否锁好，有时从车上下来明明锁了车门，但就是怀疑没有上锁，又回去拉拉车门看看有没有锁，确定锁了才放心。特别是听到人们议论进城打工的事，小鹊就问长问短，而当人们问起傅铬在城里的情况时，小鹊转身就走，吓得人们再也不敢问了。小鹊还特别怕脏，常反反复复地洗手、洗衣服等。这些行为给生活带来很严重的影响，小鹊这是怎么了？

小鹊的表现与强迫症相似。强迫症（即强迫性神经症）是一种神经官能症。患有此病的患者总是被一种强迫思维所困扰，有控制意识，但控制不住，因而产生明显的焦虑、抑郁等情绪，伴有明显的痛苦体验。常见的强迫行为有强迫检查、强迫询问、强迫清洗等。

1. 强迫思维的表现

强迫思维症表现为某种联想、观念、回忆或疑虑等顽固的反复出现或冲动的念头。强迫思维症常见强迫性穷思竭虑、强迫想象、强迫回忆等。强迫性穷思竭虑，反复考虑毫无意义的问题；强迫想象，反复联想一系列不幸事件会发生，引起情绪紧张和恐惧；强迫回忆，反复回忆做过的事情或者说过的话；强迫疑虑，总是怀疑自己的言行是否正确；强迫性对立思维，反复出现一些对立的思想。

2. 发病因素

（1）社会心理因素。社会心理因素是强迫症发生的主要因素，如生活环境的变化、处境困难、担心意外、家庭纠纷、性生活不和谐，或亲人丧亡、突然惊吓、遭受迫害等等都可能诱发强迫症。

（2）心理素质因素。性格特质也是引起强迫倾向的重要原

因，过于追求完美，办任何事均力求准确完善或者表现为固执倔强、墨守成规、过于刻板和缺乏灵活性等。长期接受指令去做某些事务，久而久之就会变成习惯。

(3)遗传因素。患者近亲中的同病患率高于一般居民。如患者父母中本症的患病率为百分之七。

(4)精神因素。长期思想紧张、焦虑不安，或造成沉重精神打击的意外事故均是强迫症的诱发因素。

(5)器质性因素。昏睡性脑炎、颞叶挫伤、癫痫的病人可见强迫症状。

强迫症是一种病症，需要立即治疗。一般病情较轻的强迫症患者可以只使用心理疗法，病情较重的强迫症患者使用解释性的心理治疗和药物治疗相结合的方法，可以获得比较好的疗效。

3.克服强迫症的方法

(1)积极的心理暗示。想要调整强迫心理，就要给自己一些积极的心理暗示。使患者对自己的个性特点和所患疾病有正确客观的认识，充分认识到自己症状中的非理性观念，用一种相应的理性观念去克服，从而使症状减轻。学习合理的应激方法，增强自信，以减轻其不确定感；当出现了强迫心理的时候，转移注意力，淡化强迫性思维的症状。强迫症患者的另一特点是喜欢琢磨，一件芝麻大的事情往往会想出天大的事来，要学会顺其自然，这样才能摆脱它。

(2)说出自己的紧张情绪。不要把强迫症放在心里，以为患有心理疾病是很难为情的事情，认为自己比别人低下，不断折磨自己。强迫症患者强烈的自尊心封闭了对外交流的通道，情绪得不到释放，精神世界就成了高压锅，谁也经受不起这样的煎熬。

说出来，就能降低紧张恐惧感，就能缓解情绪。

(3)多给予关心爱护。当心理压力加重的时候，及时地进行自我心态调节，亲人或朋友给予安慰支持，帮助他们做好心理调适，减少强迫性症状的出现。

(4)药物治疗。药物治疗一定要在医生的指导下进行。如果强迫症状还比较轻，可以按照心理治疗的方式，在家人的监督下试着自己去控制。如果觉得自己的强迫症状已经比较严重了，一定要到医院及时治疗。早治疗，早康复。

四、怎样防治神经衰弱？

赵月常常感到自己精力不足、萎靡不振，记忆力减退，而且很爱发脾气，易烦易怒，动不动就想和他人吵嘴，尤其是到晚上睡觉时无法静下心来，不由自主联想往事难以入睡，非常苦恼。后来医生诊断她为神经衰弱。神经衰弱是一种以脑和躯体功能衰弱为主的神经症，以易于兴奋又易于疲劳为特征。

1. 神经衰弱的主要症状

(1)精神倦怠。当受到来自于身体内部或外界环境的刺激时，神经衰弱患者的神经细胞易兴奋，能量消耗过多，长期如此，患者就会表现出一系列衰弱症状：经常感到精力不足、萎靡不振、不能用脑，或反应迟钝、不能集中注意力、记忆力减退。由于对现实生活中的某些问题过分担心，难以预料某些危险发生而产生焦虑。

(2)对环境变化敏感。日常工作生活中，如收看电视等活动，往往可作为一种娱乐放松活动，但此时本病患者非但不能放松神

经，消除疲劳，反而精神特别兴奋，不由自主地会浮想联翩，脑子中也在“放电影”。对周围声音、光线变化异常敏感，难以入睡，脾气暴躁。情绪波动、易烦易怒、缺乏忍耐力。遇事（刺激）易兴奋，缺乏正常人的耐心和必要的等待。

（3）紧张性疼痛。神经衰弱患者紧张性疼痛表现繁多，很多都跟情绪紧张相关。患者感到头重、头胀、头部紧压感，或颈项僵硬，有的还可能表现为腰背、四肢肌肉痛。这种疼痛的程度与劳累无明显关系，即使休息也无法缓解。疼痛的表现往往也很复杂，可以表现为持续性疼痛，或间歇性疼痛，有的患者还表现为钝痛或刺痛。

（4）失眠多梦而焦虑。神经衰弱病人，神经易兴奋，难以入睡或睡眠不够深沉，容易惊醒或睡眠时间太短，或醒后又难以再入睡。失眠后白天头昏脑涨，精神萎靡，学习、工作效率低下，患者深感痛苦。因焦虑而失眠，由失眠而焦虑，互为因果，反复影响，势必形成失眠症。

2.神经衰弱的原因

（1）神经系统功能过度紧张；

（2）自身的个性特征，自我要求太高，追求完美，缺乏压力调节能力而引起情绪紧张和精神压力；

（3）生活无规律、过分疲劳得不到充分休息等也是诱发因素；

（4）人际敏感、恋爱或家庭受到挫折、工作压力过大等心理因素是本病较多见的原因。

3.日常要怎样防治神经衰弱

（1）找出病因。如劳动过累，巨大的精神压力，生活中遇到困难和挫折，慢性疾病，身体虚弱，精神负担重，等等。找出原因后，

要针对病因具体解决，这是防治神经衰弱的重要措施。

(2)树立信心。得病容易，去病难。对于神经衰弱这种神经功能紊乱更是如此，治疗过程较长，疗效较慢，因此必须树立信心，坚持一定时间的治疗，使神经功能得到充分的调整，才能恢复正常。要保持良好心态，正确认识挫折，避免心理失衡。

(3)自我调理。要调整生活状态，工作劳动过于紧张繁忙以及生活压力很大的人，合理安排好生产劳动、工作和生活的关系，做到有张有弛，劳逸结合，这样做不仅能预防神经衰弱还能提高工作效率。也可采用各种放松方法，包括瑜伽、生物反馈训练，均可促进放松，缓解紧张，有一定的对症效果。

(4)尝试药物疗法。如果自我调节不好，出现一些不能解决的心理问题或疾病先兆时，应立即求医，对症治疗。神经衰弱需要早发现早治疗，切忌延误病情。也可以尝试一下食疗方法，喝一些补心健脾、养血安神的药膳汤，促进睡眠。

五、如何克服厌食症?

娜娜 25 岁，身高 167 厘米，体重 70 公斤，别人说她身材不好太胖了，这几年找对象也老是被拒绝，所以下决心节食减肥，上网查资料，看减肥书，打听偏方。一年多节食下来，虽然减肥很有成效，但是她也出现了厌食的症状，看见食物就会不自主地呕吐，无法正常进食。父母非常担忧，陪她到医院做了检查，医生说是神经性厌食症。

厌食症是因节食造成的以食欲减退、体重减轻，甚至厌食为特征的进食障碍，会引起营养不良、代谢和内分泌障碍及躯体功能紊乱。严重患者可因极度营养不良而出现恶病质状态，机体衰

竭从而危及生命。心理上则会导致患者患上抑郁症，严重的话可能会产生自杀倾向。

克服厌食症的方法有以下几点。

1.了解发育特点

进入青春期后，少男少女将会发生一系列生理变化。女性由于皮下脂肪聚积，胸部隆起，肩部浑圆，臀部变肥而显得“臃肿”，这是正常的生理现象。随着进一步的发育与适当锻炼，这些多余的脂肪将会被消耗掉，人也会逐渐苗条起来。要树立正确的审美观，以真为美，以自然和谐为美。

2.体育锻炼

体育锻炼是加快脂肪消耗最值得大力提倡的科学瘦身方法之一。参加有益的活动也可以减少对身材的关注度，从而达到预防与治疗青春期厌食症的目的。

3.心理治疗

可以进行一系列认知治疗和行为治疗，具体包括：矫正患者对体型、体重和进食的错误认识，以改善体象障碍和恐惧肥胖的心理。家人要与患者共同制定进食计划和改善体重计划，在执行该计划的过程中同时对计划的执行情况进行观察和修正，以更好地完成计划，帮助厌食症患者心理成长。

4.饮食疗法

考虑患者厌食的特点，应进行以提高食欲为主的饮食治疗。家人可以为患者做一些她最喜欢吃的饭菜，激发患者的进食欲望。学习了解食物、营养学方面的知识，饮食合理搭配，家庭成员要多鼓励、多支持，避免急于求成责备患者而带来疗效的倒退。

六、怎样防治抑郁症？

吕姐丈夫外出打工了，这段时间她一直心情郁闷，没有心情做任何事，提不起兴致，反应迟钝，连切菜都经常切到手，早醒后不能再入眠，在床上辗转反侧，心情异常低落。食欲减退，体重减轻，消瘦加重。她是因为太想念丈夫，还是得病了？她应该怎么办？

吕姐由抑郁引发的情绪低落、动力不足等精神状态，导致她无法适应日常生活。

1.产生抑郁的原因

(1)情绪与压力。工作压力、家庭不和、朋友矛盾，或突然经历较大的负能量事件，如失业、丧偶、经济困难等。

(2)心理素质脆弱。一个小小的打击也可能引发抑郁症。

(3)长期使用某些药物，如一些高血压药、治疗关节炎或帕金森症的药物的影响，造成抑郁症状。

(4)不良嗜好。长期吸烟、吸毒、酗酒等不良嗜好，可能使大脑中的一些化合物变动，导致抑郁症发生。

2.抑郁的主要表现

(1)轻者快感缺乏，心情低落、兴趣减退；重者痛不欲生、悲观绝望、度日如年、生不如死。在心境低落的基础上，患者会出现自我评价降低的现象，产生无用感、无望感、无助感和无价值感，常伴有自责自罪，严重者出现罪恶妄想和疑病妄想，部分患者可能出现幻觉。

(2)思维迟缓，反应迟钝，感觉“脑子好像是生了锈的机器”“脑子像涂了一层糨糊一样”。

(3)思考、走路、做任何事情都觉得疲惫不堪，不想做事，不愿和周围人接触交往，常独坐一旁，或整日卧床，闭门独居，疏远亲友，回避社交，意志活动减退。严重的患者常伴有消极自杀的观念甚至行为。

(4)记忆力下降、注意力障碍、反应时间延长、警觉性提高、抽象思维能力差、学习困难、语言流畅性差，空间知觉、眼手协调及思维灵活性等能力减退。认知功能损害导致患者社会功能障碍，而且影响患者的远期预后。

(5)睡眠障碍，入睡困难，睡眠不深，或者易醒、早醒，醒后不能再入睡。

3.抑郁症高发人群

(1)女性患病率是男性的两倍。怀孕、流产、分娩后，更年期等特殊阶段，是抑郁的高发期。

(2)处于人生的青春期、更年期、老年期阶段的人群。

(3)处于高压力、激烈竞争中的人群。

(4)有遗传相关性的人群，如父母一方患有抑郁症，其子女抑郁症患病率为25%；处于应激状态的人群，如经历过天灾人祸、社会事件的人群。

(5)患有躯体疾病或慢性病的病人。

(6)对酒精、毒品等滥用和依赖的人群。

4.关于抑郁症的常见误区

(1)很多人一听说“抑郁症”，就与“精神病”联想到一起，认为抑郁症等于精神病。

(2)抑郁症不是病,是无病呻吟。

(3)抑郁症是心理问题,不需要吃药;吃药会变傻、变笨;有的人认为抑郁症患者需要吃一辈子药。

(4)抑郁症患者总会哭。

(5)衰老会导致抑郁。

(6)把抑郁症说出来只会更麻烦。

(7)抑郁症基本治不好。

(8)性格软弱内向的人才会患抑郁症。

(9)对号入座,自我诊断。

(10)不信任心理医生,谁也帮助不了我。

5.抑郁的自我调整

抑郁症是一种发病率高、可以治疗的疾病。抑郁就像感冒一样普遍,这是一种预后良好的心理疾病。轻度的抑郁症可以通过如下途径进行自我调节:

(1)保持有规律的生活,保障良好的睡眠。

(2)不要给自己制定很难的目标,做些力所能及的事。

(3)尝试着多与人们接触交往,不要自己独来独往。尽可能与精力旺盛又充满生机的朋友交往,让他们的积极情绪感染自己。

(4)通过运动,身体的新陈代谢加快,会使人心情开朗。多参加农村文化活动,会使人精神愉快。

(5)要寻求专业的治疗,对自己的病不焦躁,清醒知道治疗需要时间。

(6)客观评价自己和他人,常以积极健康的心态鼓励自己,从中体验到更多的快乐。

(7)学会宣泄不开心的情绪。把感受告诉他人,分析哪些是消极的,并尝试摆脱它们。

(8)培养一定的兴趣爱好、多听一些欢快的音乐。

6.帮助患有抑郁症的朋友

(1)不要轻视他们的痛苦,对患有抑郁症的朋友不要表现出厌烦、拒绝、不满、充满敌意等情绪。鼓励和陪伴病人共同渡过难关。

(2)不要评价或批判,告诉病人,自己能理解他们的感受,让他们体会到自己是被接受的,不要催促,避免主动提建议,陪伴往往更有效。

(3)鼓励并陪伴病人参加集体活动,提供简单任务让其完成,培养其兴趣和满足感,对于病人要及时给予赞扬和肯定。

(4)协助病人参与家务和融入生活,重燃对生活的热情,鼓励其尽量自己完成。

7.患者家属的注意事项

如果你家中有人患抑郁症,除了医生治疗外,家人能够给予的最大的帮助是亲情。

(1)早期辨识抑郁症的生发,陪伴家人去看医生;向医生提供必要的讯息,使医生便于进行诊断及拟定有效的治疗策略,让患者能接受恰当的诊断及治疗。

(2)接纳和尊重患者,并为患者提供适当的情感宣泄途径。督促病人配合医生治疗,定期复诊以控制病情,减少复发的可能性。

(3)理解患者无助的情绪。在患者复原过程缓慢时,要有耐心;在患者的自尊非常低的时候,要表达亲情,提供情绪支持,帮助患者识别和纠正错误的想法或者消极的念头，让他们看到生活的希望。帮助病人记录一些令人轻松愉快的事情，并从中获得良性的情感体验。

(4)家属的耐心是支持患者的关键。让患者知道，无论多久，无论要接受多少治疗，无论从发病到治愈的过程有多艰难，家人都会陪伴在患者身边。有了这样的耐心，就会有希望。

(5)不要指责抑郁症患者懒惰或装病，或是期待他们很快就能摆脱症状。这会引起病人的情绪波动，在药物调整的同时，还应考虑及时看心理门诊。

世界卫生组织报告指出，抑郁症是最能摧残和消磨人类意志的疾病，预计到 2020 年，抑郁症将成为全球第二大致残疾病。“没有人对抑郁症有绝对的免疫力。”著名心理学家马丁·塞利曼将抑郁症称为精神病学中的“感冒”。如何摆脱抑郁，需要我们每个人关注。

相关链接：

抑郁自评量表

下面有 20 条文字，请仔细阅读每一条，把意思弄明白，然后按照自己最近一周以来的实际情况进行选择。

量表内容	从无	有时	经常	持续
1. 我感到情绪沮丧，郁闷	1	2	3	4
*2. 我感到早晨心情最好	4	3	2	1
3. 我要哭或想哭	1	2	3	4
4. 我夜间睡眠不好	1	2	3	4

*5. 我吃饭像平时一样多	4	3	2	1
*6. 我的性功能正常	4	3	2	1
7. 我感到体重减轻	1	2	3	4
8. 我为便秘烦恼	1	2	3	4
9. 我的心跳比平时快	1	2	3	4
10. 我无故感到疲劳	1	2	3	4
*11. 我的头脑像往常一样清楚	4	3	2	1
*12. 我做事情像平时一样不感到困难	4	3	2	1
13. 我坐卧不安，难以保持平静	1	2	3	4
*14. 我对未来感到有希望	4	3	2	1
15. 我比平时更容易被激怒	1	2	3	4
*16. 我觉得决定什么事很容易	4	3	2	1
*17. 我感到自己是有用的和不可缺少的人	4	3	2	1
*18. 我的生活很有意义	4	3	2	1
19. 假若我死了别人会过得更好	1	2	3	4
*20. 我仍旧喜爱自己平时喜爱的东西	4	3	2	1

评分标准：SDS的评定结果以标准分来定。适用对象：具有抑郁症状的成年人；评定采用1—4制记分，评分时间为过去一周内。

评分方式：把各题的得分相加为总分，总分乘以1.25，四舍五入取整数即得到标准分。抑郁评定的临界值为T分53，分值越高，抑郁倾向越明显。

标准分小于53分为无抑郁；

(1)轻度抑郁：53—62

(2)中度抑郁：63—72

(3)重度抑郁：>72

简要说明：抑郁评定的分界值总分的正常上限为 41 分，标准分为 53 分，标准分低于 53 分，说明你心理状况正常，超过标准分 53 分说明你有抑郁症状，分值越高，说明抑郁症状越严重，需要接受心理咨询甚至需要在医生指导下服药。

资料来源：魏保生主编《抑郁症》，中国医药科技出版社 2014 年版。

七、怎样应对突发癔症？

任梅 18 岁的女儿在上复习课时，突然站起来胡言乱语，又是哭又是笑，感觉就像疯了，全身瑟瑟发抖。任梅带女儿去了医院检查，经过医生诊断，说她是得了癔症。看到女儿的行为，任梅不知道如何应对？

癔症又称歇斯底里症，是一种较常见的精神疾病。目前认为癔症患者多具有易受暗示、喜夸张、感情用事和高度以自我为中心等性格特点，常由于精神因素或不良暗示发病。癔症一旦发作，容易造成抽搐、意识模糊等症状。

癔症是由于明显的心理因素，如内心冲突、暗示或自我暗示等作用于易感个体引起的一组病症。

心理因素：家庭不和睦、婚姻不满意、同事纠纷、自尊心受损等矛盾引起的气愤、委屈、恐惧、忧虑等，均可导致本病的发生。在正常情况下，日常生活良好，但如果由急性精神创伤性刺激或持久的难以解决的人际矛盾或内心痛苦引起，尤其是气愤与悲哀不能发泄时，疾病就会突然发生。有些癔症病人复发时，没有明显的心理因素，会在与第一次发病相同的情况下，触景生情，产生联想和自我暗示，激起旧时的情感体验而发病。

人格因素：癔症病人的主要性格特征有“三高一丰”，即高度情感性、高度暗示性、高度自我显示性和丰富幻想性。病人的情感活跃、生动，但肤浅、幼稚，情感反应过分强烈，带有夸张和戏剧性色彩，易受环境影响而发生改变，判断是非的标准也往往从感情出发，对人对事易感情用事。病人能轻易地被周围人的语言、行动、态度影响，具有高度的暗示性，特别富于幻想，内容生动，易于把现实和幻想互相混淆，而给别人造成病人在说谎的印象，甚至病人本人也难以分辨。癔症性格特征的病人，往往在对于一般人来说并不是太强烈的精神因素作用下发病。

作为家人要在以下几方面做好照料。

1. 理解和接纳患者

多与患者交流，理解他的焦虑和抑郁感受，并鼓励其坚持治疗。帮助患者正确认识疾病，解释本病完全可以治愈而不留下任何残疾。协助病人寻找发病原因和影响疾病恢复的因素，引导患者正确认识和对待致病的精神因素，克服个性缺陷，认识无意识动机对健康的影响并加以消除。

2. 进行正确的疏导

在癔症发作时切勿惊慌失措，症状平复时也不能表现出冷淡厌烦情绪，要让病人知道发作不会危及生命，密切配合医生，有助于早日恢复健康、控制症状和防止再发作。癔症相关的焦虑反应有时可表现为挑衅和敌对，家人需对其适当加以限制，并对可能的后果有预见性。家人要对其当前的应对机制表示认同和支持，鼓励他按可控制和可接受的方式表达焦虑、激动情绪，允许自我发泄。

3.采用正确的应对方式

指导患者学习新的应对技巧，增强适应能力，正确应对创伤性体验和困难，恰当处理人际关系，防止疾病复发。在平时的生活中要做到积极地预防，才有可能避免这种疾病的发生。进行恰当的暗示，以调理情志，但不能操之过急、急于求成，以免引起患者的反感或误解，导致症状加重。

八、怎样防治回避型人格障碍?

萱萱23岁，高中毕业以后在家里务农。她看到跟她同龄的伙伴都外出工作，她也很想去，但左思右想，觉得自己学历很低，担心找不到好工作被人讥笑讽刺。即使参加村文化礼堂集体活动，她也多是躲在一旁沉默寡言，想与人来往，又怕被拒绝嫌弃。这是怎么回事呢?

萱萱的表现与回避型人格障碍相似。回避型人格又叫逃避型人格，其最大的特点是行为畏缩、自卑，面对挑战多采取回避态度或无力对付。

1.回避型人格障碍表现

(1)很容易因他人的批评或不赞同而受到伤害，常常感到自尊心受到了损害而陷于痛苦，且很难从中解脱出来。

(2)行为退缩。除了至亲之外，很少交到真心朋友，对需要人际交往的社会活动或工作总是尽量回避。

(3)心理自卑。在社交场合总是缄默无语，怕惹人笑话，避不回答问题;敏感羞涩，害怕在别人面前露出窘态，害怕参加社交活动，过分担心自己的情绪状况，常因此显得焦虑不安。

(4)在做那些普通的但不在自己常规范围之中的事时，总是夸大潜在的困难、危险或可能的冒险。

2.自卑感的形成原因

回避型人格形成的主要原因是自卑心理。心理学家认为，自卑感起源于人的幼年时期，是由于无能而产生的不胜任和痛苦的感觉。

(1)自我认知低。自己轻视自己，看不起自己。总是以他人为镜来认识自己，拿自己的弱点和别人的强处比，觉得自己事事不如人，从而丧失自信。生活中的某些挫折经历、恶劣的生活环境等因素都可能导致自卑心理的形成。

(2)消极暗示。自我认识不足的人，自卑阻碍着自己与别人的平等相处，阻碍着自己才华的充分发挥，是生活、工作和人际交往的大敌。由于事先有这样一种消极的自我暗示，就会产生心理负担，抑制自信心。这种结果又会形成一种消极的反馈作用，使自卑感进一步加重。

(3)其他因素的影响。由于天生的某种生理缺陷、心理缺陷、性别、出身、经济条件等等产生了轻视自己的自卑心理，而这种自卑长久得不到妥善消除，形成了人格的一部分，就出现了回避型人格障碍。还有自我期望水平偏高，经过努力后仍无法达到目标，就失去自信，从而产生否定自我的心理。非理性和狭隘的思维方式、潜在的自负与自我也容易产生自卑心理。

3.回避型人格障碍防治

"四学会"有助于防治回避型人格障碍。

(1)学会正确认识自己。形成自卑感的最主要原因是不能正确认识和对待自己，因此要消除自卑心理，须从改变认识入手。

对自己有清晰的认知，发现自己的长处，肯定自己的成绩，如果他人对自己做了较低评价，不要过于在意，要认识到没有谁十全十美，也绝少有人真正的一无是处，每个人都有他人不可替代的地方。

(2)学会自我激励。要学会自己鼓励自己，自己为自己加油。在自信心不足时，给予自己积极的心理暗示，为自己壮胆，用“相信自己，我能行”的心态去做事，事先不去过多地想象和体会失败以后的情绪，就会给自己增加很多的信心。

(3)学会面对挫折。人不是从“成功”中成长，而是从他们犯过的“错误”中成长，人生不可能事事顺心，样样得意。遭遇挫折某种意义上是对人心理承受能力以及心理状态的一次考验，心理承受能力，是渡过难关的一把“钥匙”。

(4)学会寻求帮助。自卑心理形成的原因比较复杂，要改变也是一件不容易的事，寻求心理咨询帮助，运用心理学的原理、方法，采用适当的方式，排解心理痛苦，促进成长。要多跟朋友交流，良好的人际关系能增强自信。要学习新技能，使你的生活更加充实。

九、怎样应对创伤后应激障碍?

有天早上，吴姐的丈夫带着儿子坐早班车出门，发生了车祸。在这次交通事故中，丈夫当场身亡，儿子被紧急送到医院抢救，性命保住了，但因为伤势过重，高位截瘫。这个幸福的家庭一下子垮了，所有的重担都压在吴姐身上。吴姐经常做噩梦、失眠，常常以泪洗面。见到车就会想起丈夫发生车祸的现场，并且伴随着强烈的哭闹和情绪波动。每天呆呆地坐着，什么事情都提不起她的

兴趣，反应迟钝。她这样是正常的吗？

吴姐的丈夫在突发交通事故后当场身亡，吴姐心理上承受不了，很可能患上了 PTSD，即创伤后应激障碍。所谓创伤后应激障碍是一种使人非常虚弱的精神疾病，患者一般在经历或目睹了极其令人害怕的事件或者创伤后发病，主要表现为病人反复重现创伤性体验，即应激性事件重演的生动体验；反复出现创伤性梦境或噩梦；回避对既往创伤处境或活动的回忆；与他人疏远，对周围环境缺少反应；快感缺乏；通常存在植物神经过度兴奋状态，表现为过度警觉，易被激惹，难以集中注意力，惊跳反应增加和失眠，亦会出现焦虑和抑郁情绪等人格变化，少数病人会出现消极自杀的意念。有些病程达数年之久，给病人带来非常巨大的痛苦和折磨，也给病人以后的生活工作造成很大的困难。

如果这些症状一个月以后还持续出现，并且严重影响了正常的生活，可能是患上了“创伤后应激心理障碍”，可以通过药物和心理两种方式来治疗。

如何尽快帮助病人走出心理阴影呢？

1.心理疗法

病人会将失去家人的伤痛归咎为自己没有照顾好，所以要帮助他改变有问题的思维方式。用认知疗法扭转错误的信念，以合理的应对方式治疗危机对身体、心理的损伤。鼓励患者面对事件，表达、宣泄负面情感，帮助患者应对负面事件。也可采用系统脱敏疗法，让患者通过自我放松调节身体和心理的反应。

2.自我调节

患者不但是症状的忍受者更是心理障碍的治疗者。治愈创伤后应激障碍最终要靠患者自己，在治疗创伤后应激障碍的过程中，患者运用自己的能力，进行自我心理调节，了解创伤后应激障碍的知识。这种反应是人类对于灾难的正常应激机能，及早恢复学习、工作劳动，才能更好治疗创伤后应激障碍，恢复社会活动能力。

3.社会支持

让患者在与创伤后应激障碍的斗争中，感到自己不是在孤军奋战，社会支持和帮助至关重要。家人、同事、朋友、邻里应理解帮助患者，让患者感到温暖和力量。

十、怎样应对精神分裂症?

朱遥的女儿21岁，有时嘻嘻痴笑、东窜西颠，有时沉默寡语、茫然若失。朱遥感到害怕和担心，先到医院咨询，医生肯定地说她女儿是精神分裂症。朱遥觉得家里有个精神病患者是件非常丢脸的事情，不知道该怎么办。

1.精神分裂症主要症状表现

精神分裂症，这是一种常见的病因未明的精神病。主要症状表现为：

(1)思维联想障碍。病人思维联想过程缺乏连贯性和逻辑性，是最具有特征的障碍。在意识清楚的情况下，病人的言谈或书写在语句文法上正确，但是语句之间、概念之间、上下文之间缺乏内在的意义上的联系。

(2)情感障碍。病人情感迟钝冷漠，情感反应与环境不协调。对一切都无动于衷、冷漠无情。

(3)意志行为障碍。病人活动减少，缺乏主动性，行为被动、

退缩。对生活和劳动缺乏积极性和主动性,行为懒散。有时候会吃一些不能吃的东西,伤害自己的身体,顽固地拒绝一切。

(4)幻觉。以幻听和幻视最为常见。病人会说听到邻居、亲人或陌生人说话,内容往往让其不愉快。或者病人会说看到很逼真的形象,往往让其感到害怕。

(5)妄想。妄想毫无事实根据,但患者坚信不疑,不能被事实说服。被害妄想、关系妄想、影响妄想最为常见。

(6)紧张综合征。病人表现出紧张性僵硬,或者缄默不动,或者将身体的某一部位保持在固定位置很久。

当家里有精神分裂症患者的时候,要早发现早治疗,而且对于病人而言,家属的作用尤为重要。要了解什么是精神分裂症及其发生、发展的规律,主要症状,各种治疗药物的特点和副作用,家庭护理的注意事项,以及治愈之后如何防复发,如何进行心理、社会康复等知识。有这些知识,您就可以做到心中有数、临危不乱,有的放矢地观察病情、安排病人的生活,知道在特殊情况下如何处理,等等。

2.与患者沟通需要注意的事项

(1)使用温和语言。讲话要缓慢平和,内容要简明,如果要向患者提出问题,或吩咐患者做事,每次只能说一件事。讲话的态度要专注而亲切,即使患者看起来注意力分散,也不要忽视他。经常用语言和行动来表现你对患者的关怀和挚爱,营造一个比较愉快的环境。

(2)给予爱心和理解。因为精神病人行为思想比较另类,让人无法接受。对患者要有耐心,给予爱心和理解,尽量避免抱怨和责备。要与患者进行良好的沟通与交流,满足其心理需求,尽

力消除病人的悲观情绪。不论他在生活和工作中，有了多么微小的进步，都要充分地加以鼓励，借此重建患者的自尊。

(3)对于患者明显脱离现实的想法(如妄想)，不要试图去说服他，更不要同他争辩或嘲笑他，这样做不仅于事无补，反而会招致麻烦。

(4)培养病人更多的兴趣爱好，适当地为病人提供社交的机会，并鼓励他表达自己的喜怒哀乐。对病人的情感、行为进行细致的观察，帮助他们从矛盾意向中解脱出来，最大限度地恢复患者生活及工作能力。

对周围人群而言，要正确认识精神分裂症，消除社会偏见，对患者多一些宽容和接纳，为患者康复营造一个良好的环境。

总之，精神分裂症本身的特殊性，对病人家属也提出了很高的要求。家属努力促进病人康复的过程，也就是家属提高自身素质的过程。精神分裂症是一种长期性的疾病，家属需要逐步适应自己的新角色，有打“持久战”的心理准备。

十一、怎样战胜自卑心理?

小彩出身在一个普通的农家，家境不错，但她性格很内向，与陌生人交往感到害羞，特别是亲戚朋友来访，和他们一起就会紧张，不知道说什么好，说话磕磕巴巴，不敢正视别人的眼睛，在别人的注视下做事会很紧张，使用电脑手会发抖，动作不自然。小彩常觉得自己什么都不会，无法赶上别人，该怎么办?

小彩的问题在于自卑心理，自卑是一种消极的自我评价，是一种不能自助和软弱的复杂情感。自卑感的产生，并非是认识上的不同，而是感觉上的差异。自卑感源于人的幼年时期，是由于

无能而产生的不胜任和痛苦的感觉，也包括一个人由于生理缺陷或某些心理缺陷（如智力、记忆力、性格等）而产生的轻视自己、认为自己在某些方面不如他人的心理。

自卑的意思是低估自己的能力，对自己缺乏正确的认识，总是拿自己的弱点和别人的长处比，觉得自己事事不如人，在交往中缺乏自信，在社会生活中，不敢大声说话，总是逃避别人，一遇到有错误的事情就以为是自己不好。致使其越来越轻视自己，越来越感觉自己不如别人，越来越自卑。而这样的行为带来的反馈信息则是失败的、消极的，从而更加加重了自卑心理，形成一种恶性循环。

战胜自卑的心理方法：

1.认知调整法

自卑心理是由于自我评价过低而导致的一种心理失调，消除自卑的最好办法就是调整认知和增强自信心。全面辩证地看待和评价自己，发现自己的长处，树立自信心。“黄金无足色，白璧有微瑕。”每个人都是独特的，都有自己的优点和弱点，要弄清楚自己的自卑感是什么原因造成的。而自卑感大多是由虚荣心、自我主义、胆怯心等心态造成的，若能对此有所了解，就等于踏出了克服自卑感的第一步。正视自己，试着从正面解决，坦然面对挫折，拒绝消极的思想，勇敢地面对自己。

2.避短补偿法

强烈的自卑感也可以转化为一种动力，往往会促使人们在其他方面有超常的发展，这就是心理学上的“代偿作用”，即通过补偿的方式扬长避短，把自卑感转化为自强不息的推动力量。用补偿心理超越自卑。这种补偿其实就是一种“移位”，即为克服自己生理上的缺陷或心理上的自卑，而发展自己其他方面的长处和优势，赶上或超过他人的一种心理适应机制。如盲人尤明、聋者尤聪，就是生理上的补偿现象。勤能补拙、扬长补短，人的某些缺陷和不足，不是绝对不能改变的，而要看自己愿不愿意改变。只要找到正确的补偿目标，就能克服自身的缺陷或者从另一方面得到补偿。心理补偿是一种使人转败为胜的机制，有助于使自己达到更高的人生目标。

3.积极暗示法

积极暗示法是一种特殊而有效的自我鼓励方法。人的自我评价实际上就是人对自我的一种暗示作用，它与人的行为有很大的关系。其实，每个人的智力相差都不是太大，在做事的时候，就应不断地暗示自己，别人能做的我也一定能做好，在不知不觉中接受影响。不过暗示是一把双刃剑，消极的自我暗示会导致消极的行为，让情绪低落，产生自卑和自弃心理。积极的暗示能带来积极的行动，培养良好的性格和心态，自信会逐渐取代自卑。

4.正向练习法

在心理学上，自卑属于性格上的一种缺陷，表现为对自己的能力和品质评价过低。在日常生活中要加强正向训练，用实际行动建立自信。具体方法如下：

（1）积极的自我对话。每天给自己鼓励和肯定，加油打气、督促自己，提升自信。自我对话会让自己变得更加乐观和积极。

（2）正视别人的眼睛。眼神一向被认为是交际信号，眼神可以折射出性格，透露出情感，传递出微妙的信息。不敢正视别人是心虚、胆怯的表现。正视别人，不但能够用眼睛表达思想，也是自信的象征，更是个人魅力的展示。

(3)改变行走的姿势。许多心理学家认为,人们行走的姿势、步伐与其心理状态有一定关系。走路无精打采、拖拖拉拉、低头慢步,看上去就是情绪低落、没有自信心的样子。挺起胸膛,让步子稳健轻松,有助于自信心的增长。

(4)积极与人交往。当人独处时,心理活动就会转向内部,朝向自我。当你积极地与他人交往时,你的注意力就会被他人所吸引,感受到他人的喜怒哀乐,心情就会变得开朗。

(5)微笑面对生活。笑能给人自信,它是医治信心不足的良药。要练习微笑,在家里对着镜子微笑,在外面对着别人微笑,把快乐带到这个世界上的角角落落。生活如此的美好,我们又何必闷闷不乐呢?正如一首诗所说:"微笑是疲倦者的休息,沮丧者的白天,悲伤者的阳光,大自然的最佳营养。"

十二、怎样克服虚荣心?

小禾是一个刚大专毕业步入社会的农家女孩,家境不好。为了追求时髦,借钱购买高档衣服、高档手机、翡翠戒指等奢侈品来炫耀自己。周围的人都羡慕她家有钱。有一天来了讨债的人,人家才明白是怎么回事。从此,周围的人都不愿与她往来,小禾也陷入深深的苦恼之中。

虚荣心就是以虚假方式来保护自己自尊心的一种心理状态。虚荣心是一种扭曲的自尊心,是人们为了取得荣誉和引起他人的注意而表现出来的一种不正常的社会情感。虚荣心很强的人,实际上他的深层心理是心虚。为了追求面子,打肿脸充胖子,结果死要面子活受罪。虚荣心强,会给自己带来沉重的心理负担,其实活得很累:一是当受条件所限,无法使自己比别人强时,会被不如人意的现状所折磨；二是不择手段，表面上比别人强了之后，又怕自己的弄虚作假暴露而饱受折磨。虚荣心强的人，是没有快乐可言的，反而有可能导致非健康情感因素的滋生。

人为什么会产生虚荣心呢？这与人的需要有关。每个人都潜藏着五种不同层次的需要，包括生理需要、安全需要、归属和爱的需要、尊重的需要、自我实现的需要等等。在不同的时期表现出来的各种需要的迫切程度是不同的。如果一个人的需要超过了自己的负担能力，就会想通过不适当的手段来达到自尊心的满足，这就产生了虚荣心。虚荣心男女都有，但总的说来，女性的虚荣心比男性强。

克服虚荣心的方法如下：

1.树立自尊自信

有虚荣心理的人往往对自己的能力过高估计，处处炫耀自己，打肿脸充胖子。所以，要正视自己，有自知之明，对自己的长处和短处都有清晰的认识，分清自尊心和虚荣心的界限。要自尊，就是尊重自己的人格，维护自己的尊严，反对自轻自贱。要自信，就是相信自己的力量，坚定自己的信念，取长补短，通过自己的奋发努力去获得声誉。

2.做到自爱自重

虚荣心从心理学角度来说是一种追求虚荣的性格缺陷。自爱，就是要自己爱护自己，珍惜自己的名誉。自重，就是自己要尊重自己，尊重自己的人格。从自己的实际出发去处理问题，摆脱从众心理的负面效应。不为一时的心理满足而丧失人格，以至于突破道德标准，甚至不顾一切。要正确地对待社会差别，做到不被虚荣心所驱使，做一个高尚的人。

3.把握好攀比度

攀比是人们常有的心理，但是要把握好攀比的尺度。横向跟人去比较，心理永远都无法平衡，会使虚荣心越发强烈。减少盲目的横向比较，尽可能地纵向比较，以进步的心态鼓励自己，从而建立希望体系，树立信心。要调整心理需要，克服负性攀比，学会以平常心态对待生活，知足常乐，达到自我的心理平衡。

十三、怎样防治失眠?

李萌45岁，她和丈夫为了赚钱供两个孩子读书，很拼命地种地，养猪，打工。这两年来她一直失眠，只要一躺在床上，一些陈年旧事和不着边际的事，就像放电影一样浮现在脑海里，辗转反侧，难以入睡。该怎么办呢?

失眠是一种常见病，表现为不易入睡，或睡梦中反复苏醒，或早醒不能够再入睡，甚至彻夜不能入睡的一种病症。对失眠的焦虑、恐惧心理可形成恶性循环，从而导致症状持续存在。

失眠的主要类型是单纯性失眠，这是最常见的一种失眠形式，有的长达数十年。一般情况下失眠可做如下诊断：与心理因素有关系，如过度疲劳、家庭纠纷等；与环境有关系，如噪音过大、夏天炎热、冬天寒冷；与躯体疾病有关系，如癌症、肝炎、肾炎、严重的心肺疾病、中枢神经系统疾病；与精神心理问题有关，如精神分裂症、抑郁症、焦虑症等皆可导致严重的失眠。睡眠时间有很大的个体差异，如果白天不觉得困倦，说明你的睡眠时间已经够了。而且睡眠时间的长短还会随着季节的变化、年龄的增长而变化。

在日常生活中应对失眠的方法：

1. 保持稳定的情绪

要保持乐观向上的心态。睡前要尽量不要让自己过于兴奋，避免精神过于紧张忧虑。不论睡得多长或是多短，请你每日尽量在差不多的时间起床，绝不要因为夜里没有睡好，就在白天补睡“回笼觉”，否则，便会形成恶性循环，夜里更加睡不着。

2. 消除失眠的焦虑

生活中偶尔遇到失眠，不必过分忧虑，一两次失眠不会造成任何影响，相信自己的身体会调节适应，到困倦时自然就会入睡。所以，睡前不要总有可能失眠的想法，要尽量转移自己的注意力，想想愉快的事，消除对失眠的恐惧心理。正确认识睡眠，睡眠时间因人而异，睡眠是否足够不是从时间多少来看，而是以精神和体力能否恢复为标准。

3. 营造好的环境

可以从睡觉地方的亮度、温度、湿度及寝具等几方面入手，营造一个理想的睡眠环境。睡眠环境要安静，避免噪音干扰，灯光应该尽量柔和，选择合适的睡姿。对于一个健康人来说，睡眠的最好体位应该是右侧位或正平卧位，这样既不会压迫心脏，又利于四肢机体的放松休息。寝具的选用，尽量透气且软硬适中。

4. 注意饮食习惯

晚餐饮食清淡，避免兴奋刺激食物。饮食要荤素搭配，吃肥腻的食品会增加胃肠的负担，导致失眠。对于失眠患者来说，睡前忌饮浓茶、喝咖啡、吃东西，适量饮酒有助睡眠，但过量会导致

兴奋,使人难以入睡。

5.培养固定时间就寝的习惯

中医认为,人体经络运行是有时间顺序的,因此古代养生家制定了“十二时辰养生法”。一天中人的睡眠最重要的有两个时辰,一个是午时,就是上午的11点到下午1点;一个是子时,就是晚上11点到凌晨1点。这4个小时也是骨髓造血的时间。只要你把握这4个小时的时间好好休息,整个人就会像充了电一样。

6.查找失眠原因

睡眠障碍不是一种特定的疾病,而可能是由其他疾病引发的一种症状,要找出病因,积极治疗原发疾病。

7.心理咨询帮助

如果因生活中的冲突和困惑失眠,又无法自行调节,可以到专业的心理咨询与治疗机构寻求帮助,尽快解除心理症结,以恢复正常的睡眠。

出现失眠后,尽量从习惯、行为和心理上做自我调整,必要时可在医师指导下适量服用镇静催眠药物,以改善睡眠。切忌未经医师处方,就自行购用安眠药物。

十四、怎样消除经前期紧张症?

月经是妇女特有的生理现象,月经周期既反映了女性生殖器官功能的变化,也反映出与生殖功能有关的心理活动和行为的变化。月经周期中无论是性激素,还是垂体促性腺激素都将发生一系列变化,它们将通过一定的神经机制影响妇女的心理活动和行为，引起一些情绪变化。

1.经前期紧张症的表现

经前期紧张症，指女性在月经前期出现生理、精神以及行为方面的改变，严重者会影响生活和工作；月经来潮后症状即自然消失。这一周期性改变有很大的个体差异。周期性情绪改变是育龄女性的普遍现象，仅25%女性无任何周期性异常症状出现。据统计，15—45岁女性中约有30%的人有中等程度的周期性情绪改变，其中约有10%需治疗。

经前期紧张症的表现多种多样，严重程度也因人而异；其症状的出现、消退同月经的关系基本固定为本病特点。典型症状在经前1周开始，逐渐加重，至月经前2—3天最为严重，经后突然消失。有些病人症状消退时间较长，渐渐减轻，一直延续到月经开始后的3—4天才完全消失。

2.导致经前期紧张症的心理因素

(1)心情抑郁。有些女性在月经来潮前心情苦闷，这种抑郁的情绪引起内分泌功能失调，导致经前期紧张症。

(2)心理冲突。有些女性存在心理矛盾，如工作压力大又无法排解，夫妻关系紧张、同事关系紧张而又得不到缓解等，这些心理矛盾都会引起内分泌功能失调，形成经前期紧张症。

3.预防经前期紧张综合征

(1)学习生理卫生知识。通过学习了解出现症状的原因，消除顾虑和不必要的紧张与精神负担，坦然地对待月经来潮。在症状出现前有心理上的准备并采取预防措施，以缓解症状。通过调整日常生活节奏，改善营养，减少对环境的应激反应等方法来减

轻症状。

(2)心理自我调适。逐步消除心理上的抑郁情绪,提高心理愉快度水平。同时,要处理好各种人际关系,消除心理不愉快的外来影响,保持乐观的态度。在日常生活中要避免不必要的精神刺激,饮食要少盐,生活要有规律,多参加一些文娱和体育活动,就可使症状明显减轻甚至消失。

(3)控制精神症状。对病情严重、自我心理调节效果不明显的情况,应找心理医生咨询。对重症女性,解除精神疾患后,病情若还得不到控制,可用药物治疗。

十五、如何应对妊娠期常见心理问题?

范燕怀孕3个月了,伴随着妊娠这个特殊的生理时期,将要做妈妈的范燕情绪复杂多变,心理想法也特别多。

1.孕期准妈妈的心理

孕早期:孕妇情绪波动很大,心理反应较为强烈,感情丰富,如矛盾、恐怖、焦虑、将信将疑或内向性等,上述情感变化甚至可在整个妊娠期间重现。此时期孕妇会出现乏力、恶心、呕吐、厌食,这是正常的妊娠反应。有的孕妇情绪不稳定,易激动或流泪,有的寡言少动,对事物过于敏感,出现易受伤害性。对食物的爱好明显改变,喜食酸性食物或辛辣食物等。孕妇心里有疑惑时,多向医生咨询,以消除不必要的担心。

孕中期:这个时期,孕妇又开始担心会不会得妊娠期高血压等,自然就加重了自己的心理负担。但由于恶心等反应消失,孕妇身体已渐渐走入正轨,处于一个相对比较稳定的时期。这个时

期的孕妇精神处于最佳状态，胎动出现，胎心可被听到，这种新生命存在的感觉，会帮助自己增强做母亲的感觉。孕妇要坚持产前检查，避免过于放松。若没有异常情况，参加一些平缓的运动，不但没有害处，还可以增强肌肉力量和体力，有助于日后分娩。

孕晚期：要开始考虑临产、分娩的事情，情绪上易害怕、焦虑。由于腹部膨大，压迫下肢，活动不能随心所欲，加之子宫压迫导致尿频、便秘，再度使孕妇心烦、易被激怒。有的因摄入钙及各种维生素不足，易出现下肢肌肉痉挛，痉挛部位多在拇指或腓肠肌，常于夜间发作，使孕妇睡眠不足，对丈夫和亲人的依赖心理增加。孕妇要多了解分娩知识，了解分娩时应该怎样与医生配合，怎样进行减轻产痛的分娩训练，消除对分娩的顾虑和恐惧。

2.应对妊娠期常见心理问题的方法

(1)保持良好心态。婚后妊娠既是正常的生理生活现象，也是每对夫妇社会责任感的体现。怀孕后要保持良好的心情，心境平和，不要因过喜而激动，也不要因一些小事而自感悲伤，始终以平和的态度为人处世。

(2)避免不良情绪。家人朋友应当为孕妇营造一个良好的生活环境和心理环境，给予孕妇体贴、关怀和理解，鼓励孕妇诉说心理问题，解除孕妇的顾虑与恐惧以及不良的社会、心理因素，减轻生活中的应激压力。

(3)加强孕期营养。吃营养丰富的食物对孕妇非常重要，应摄入自己和胎儿生长发育所需的全部营养。如果出现营养不良，会直接影响胎儿生长和智力发育，还容易造成流产、早产、胎儿畸形和胎死宫内的现象。

(4)了解妊娠知识。进行孕期健康教育，让孕妈妈了解妊娠

的相关生理和心理卫生知识，也使孕妈妈周围的人群更多地了解孕妈妈的心理状况，给予更多的家庭和社会支持。

(5)做好产前检查。妊娠是一个特殊的生理时期，通过孕期检查了解胎儿是否健康；发现孕妇身体疾病；及早发现妊娠并发症；预测分娩时有无困难，确保孕妇安全。其间不要吸烟、大量饮酒，避免接触放射线。

十六、怎样应对产后抑郁?

小婉生下女儿已经3个多月了，这本应是件高兴的事。但生下宝宝不到2个月，原本温柔的小婉居然性情大变，变得烦躁、易怒，整天眉头紧锁，做什么事都提不起兴趣，孩子一哭就担心会生什么严重的疾病，弄得全家人都跟着紧张。这是怎么回事?

小婉的表现与产后抑郁症相似。产后抑郁一般在分娩后发生，可以持续数月之久。病人常感到非常伤心难过、无助和觉得自己一无是处，严重时甚至影响到照顾孩子。产后抑郁是一个无法回避的问题。

1.产后抑郁的具体表现

(1)心情压抑、情绪低落、焦虑厌食、烦躁易怒。

(2)体重下降明显，感到悲伤、无助、内疚。

(3)睡眠差。

(4)思维力减退或注意力不集中。

(5)严重的可能产生自杀的想法。

一般上述现象持续超过2周，要考虑是否患有产后抑郁症。产后抑郁症有专门的诊断标准，如果有上述症状，可以去看医生，

不要盲目地自我诊断。

2.导致产后抑郁的原因

产后抑郁的原因包括生理因素、心理因素和遗传因素。

(1)生理因素。体内激素水平的急速下降是产后抑郁症发生的生物学基础。加之受生产时的疲劳、疼痛、尿失禁等内分泌变化的影响,产妇感到紧张恐惧。当出现滞产、难产时,产妇的心理准备不充分,紧张、恐惧的程度增加,导致躯体和心理的应激增强,诱发产后抑郁的发生。感染、发热对产后抑郁的促发也有一定影响。

(2)心理因素。妇女在怀孕期和产后第一个月有暂时性心理“退化”。照料养育婴儿都需从头学,加之孩子很不容易带或者频繁生病等一些现实原因给产妇造成了心理压力,导致产妇情绪不稳定、抑郁、焦虑、人际关系敏感,形成心理障碍。当母亲的期望过高甚至不现实时,以及在遇到困难的时候不愿意寻求帮助时,产妇一时无法适应新妈妈角色,而孕期和分娩期间家庭的支持不足,也会给产妇带来巨大的压力。

3.如何应对产后抑郁

(1)尽量多与家人沟通。寻求丈夫、家人和朋友的帮助,让亲人了解你现在的心理状况和不适的原因,享受被亲人照顾的亲情。家人要针对产妇的心理状态采用合理的劝导、鼓励、安慰及理解,消除产妇的不良情绪,使其处于良好的心理状态。保证睡眠时间充足,让身体尽量保持在最佳状态。照顾孩子时多让家人帮助,多人的合作会增进感情,减轻压力。家人也要细心留意产妇情绪,改善周围环境,给予其足够的关心和理解,这对于处理产后抑郁有事半功倍的效果。

(2)积极倾诉消极情绪。学会倾诉,通过各种途径释放消极情绪,与朋友或亲人交流,宣泄郁闷情绪,避免累积和压抑。跟一些有孕育、分娩经历的前辈、同辈妈妈,交流一下怀孕、分娩、育儿的生活感受,这样不仅能增加自己的育儿知识,也能缓解抑郁情绪。对新生儿的照顾是引发产后抑郁的重要因素,在消极情绪非常明显的时候,别老将注意力集中在孩子或者烦心的事情上,不妨暂时放下孩子,去做一些别的事情,转移注意力。

(3)求助于医生。如果以上方法都难以奏效,要主动向心理医生求助,通过心理治疗和药物治疗缓解症状。

总之,出现产后抑郁的情况,只要积极应对,寻找合理的方式疏解,就能减少产后抑郁的危害。

相关链接:

自我筛查:爱丁堡产后抑郁量表(EPDS)

爱丁堡产后抑郁量表包括10项内容,根据症状的严重度,每项内容分4级评分(0、1、2、3分),于产后6周进行,完成量表评定约需5分钟。需要注意的是,产后抑郁症筛查工具的目的不是诊断抑郁症而是识别那些需要进一步临床和精神评估的女性。筛查工具可以帮助识别产后抑郁症但不代替临床评估。

指导语:你刚生了孩子,我们想了解一下你的感受,请选择一个最能反映你过去七天感受的答案。在过去的七天内:

1. 我能看到事物有趣的一面,并笑得开心

A. 同以前一样　　　　B. 没有以前那么多

C. 肯定比以前少　　　D. 完全不能

2. 我欣然期待未来的一切

A. 同以前一样　　B. 没有以前那么多

C. 肯定比以前少　　D. 完全不能

3. 当事情出错时,我会不必要地责备自己

A. 没有这样　　B. 不经常这样

C. 有时会这样　　D. 大部分时候会这样

4. 我无缘无故感到焦虑和担心

A. 一点也没有　　B. 极少这样

C. 有时候这样　　D. 经常这样

5. 我无缘无故感到害怕和惊慌

A. 一点也没有　　B. 不经常这样

C. 有时候这样　　D. 相当多时候这样

6. 很多事情冲着我来,使我透不过气

A. 我一直像平时那样应付得好

B. 大部分时候我都能像平时那样应付得好

C. 有时候我不能像平时那样应付得好

D. 大多数时候我都不能应付

7. 我很不开心,以至失眠

A. 一点也没有　　B. 不经常这样

C. 有时候这样　　D. 大部分时间这样

8. 我感到难过和悲伤

A. 一点也没有　　B. 不经常这样

C. 相当时候这样　　D. 大部分时候这样

9. 我不开心到哭

A. 一点也没有　　B. 不经常这样

C. 有时候这样　　D. 大部分时间这样

10. 我想过要伤害自己

A. 没有这样　　B. 很少这样

C. 有时候这样　　D. 相当多时候这样

测试计分说明：

A、B、C、D 代表的分值：

A 计 0 分，B 计 1 分，C 计 2 分，D 计 3 分。

你测出的分数：

EPDS 测查评分解释：

得分范围 0—30 分，9—13 分作为诊断标准。

总分相加≥13 分可诊断为产后抑郁症。

若≥13 分，建议及时进行综合干预。

资料来源：张明园、何燕玲主编《精神科评定量表手册》，湖南科学技术出版社 2015 年版。

十七、怎样应对中年空巢综合征？

赵芳的孩子离开家到外地上大学，她不仅高兴不起来，反而情绪不稳、烦躁不安，以至于茶饭不思。这是怎么回事？

赵芳所遇到的问题是空巢综合征。一个家庭中孩子是主轴，子女从小到大都在身边，父母早已习惯为他们操劳一切。当有一天子女因为上大学或工作离开家，就像小鸟离开了“巢”，这时候的家庭只剩下父母两人，称之为“空巢”。独守“空巢”的父母因此产生了心理失调症状，主要表现是心情郁闷、沮丧、孤寂，食欲减退，睡眠失调，平时愁容不展、长吁短叹，常常会有自责倾向，这被称为中年空巢综合征。那么，应该怎样应对这种空巢综合征？

1. 理解子女长大离家是成长的必然

无论是父母还是子女都应该是独立的个体，羽翼丰满后自然要离巢飞去，子女离家是他们成熟和独立的标志。子女长大后，不论是分家离开还是婚后共住，实际上母亲都要逐渐地跟自己的子女发生心理上的分离，并保持若干距离。正确认识子女与自己的关系，就能减少“空巢”心理危机的产生。在子女离家前，父母就应该调整自己的生活重心和生活节奏。在日常教育中要注意与子女保持宽松、平等、民主的关系，避免过度依赖。父母尤其是母亲要减少对子女的心理依恋，支持子女的独立行为，保持与子女行为或情感上的独立。在交通和通信日益发达的今天，沟通感情的渠道已不再局限于面对面的交流，电话、短信、微信、网上视频等一样可以传递温馨的情感。

2. 构建新的生活方式

随着与子女的逐渐分离，夫妻间的关系与婚姻生活也需要随之再次调整。当孩子不在家以后，家庭又回归到夫妻二人世界，这是夫妻关系再次升温的一个良好的机会，正好弥补夫妻间多年一直无法实现的浪漫，既排解空巢感，又增进夫妻中年感情，将原来放在孩子身上的关注逐渐转移到对方的身上，当夫妻关系和谐的时候，彼此和孩子之间的关系也会变得更为融洽。和朋友、同学、同事多联系，构建自己的社会支持非常重要，在社交中冲淡空巢心理不适不失为一种好的“自疗法”。

分离焦虑是正常现象，时间会改变这一切。子女长大离家是成长的必然，也是父母养育任务完成的体现，父母的积极态度不仅可以使自己生活得更好，也可以促使离巢的子女飞得更高。

十八、怎样应对更年期综合征？

王姐50岁，近来老是失眠、潮热、出汗、心悸，脾气大，动不动就生气，喜怒无常，等等，连丈夫也对她退让三分。这是什么原因引起的呢？

这很可能是妇女更年期综合征的表现。更年期综合征是指随着卵巢功能的衰退，雌激素水平低下引起的一系列症状和体征，也称之为"围绝经期综合征"。是妇女从性成熟期（生育期）逐渐进入老年期的过渡阶段，它是人体衰老进程中的一个重要并且生理变化特别明显的阶段。

1.女性更年期具体表现

（1）月经失调。这是最常见的更年期综合征的表现之一，常表现为月经量逐渐减少，周期逐渐延长，经期缩短，以致逐渐停经。

（2）神经、精神障碍。容易出现头晕目眩、口干、喉部有烧灼感，思想不易集中、情绪复杂多变、性情急躁、失眠健忘、皮肤发麻发痒等症状。生殖系统功能失调，性欲也逐渐减退。

（3）阵热潮红。这是女性更年期的主要特征之一。部分妇女在更年期内由于雌激素的水平下降，血中钙水平也有所下降，会有一阵阵的发热、脸红、出汗，伴有头晕、心慌。

（4）骨质疏松。常会有腰腿痛、背痛、身高变低等情况，骨强度减弱，容易骨折。

（5）体重增加。更年期是女性发胖的主要时期，脂肪堆积部位多在腹部、臀、乳房、颈下及上肢等处。

2.顺利度过更年期

更年期的某些生理与心理失调是暂时性的，因此不要过于紧张不安，可以尝试以下方法。

(1)正确认识更年期。学习卫生保健知识，了解绝经过渡期的生理过程，正确认识更年期出现的症状与特点。每个妇女都会有更年期，只不过更年期综合征症状的轻重程度不同。消除恐惧与疑虑，以乐观和积极的心态对待更年期。

(2)学会自我调理情绪。更年期综合征的治疗不是单方面的心理治疗或药物治疗就完事了，而应该将治疗措施延伸到日常生活中来。保持心理平衡，主动调节自己的情绪，对正常情绪应当宣泄，对不良情绪则要控制，保持心态乐观、胸怀开阔，消除紧张情绪。尽可能减少生理变化所带来的心理变化，平稳健康地度过更年期。

(3)处理好各种关系。更年期妇女情绪易于激动，烦躁不安，动不动就跟家人争执、发脾气，容易与家人发生矛盾。要和丈夫、孩子主动交流，让丈夫和孩子了解女性更年期的生理和心理变化，丈夫和孩子的体贴、关心和谅解有助于女性顺利地度过身心焦虑阶段。此外，还可以多和朋友聊聊天，尤其是与同处在更年期的朋友交流，分享彼此的感受，以乐观的态度应对更年期的各种症状。家人和同事应给予更年期女性帮助。

(4)合理安排生活。建立健康生活方式，合理安排工作、生活与休息，注意起居规律，使更年期的生理变化得到调节，缓解症状，促进更年期的自然过渡。给自己营造一份快乐的心情，乐于参加或从事一些趣味活动，如编织、文娱、村婶志愿服务活动等，以获得集体生活的关爱，这个是女性更年期保健中最重要的。

另外，注意定期体检。因为更年期也是很多疾病的高发期。症状严重时应及时就医，只要坚持更年期综合征的治疗，这些症状是完全可以消除的。

十九、农村留守妇女如何应对生活压力？

沈悦的丈夫为了挣钱，外出打工，她既要带5岁的孩子、耕种一亩水田，还要伺候老人，同时扮演着多种社会角色。本该由夫妻双方共同承担的责任落在了她一人的肩上，由传统家庭中的“半边天”，变为家庭中的“顶梁柱”。留守在家的沈悦，常会遇到很多生产、生活上的难题。她该如何应对？

当前农村大量男性劳动力进入城市，他们的妻子为了照顾家中的老人、孩子，只好独自留守家乡，这样的女性群体，被称为“留守妇女”。

由于丈夫长期外出，留守妇女承担着家庭责任和大小事务，劳动强度大，从日出忙到日落，身体长期超负荷工作，处于严重的亚健康状态；再加上农村的娱乐生活很单调，又时刻担心丈夫在外面经不起诱惑，怕夫妻感情出事，自己会被抛弃，精神负担重，很容易产生心理失衡的症状，出现脾气暴躁、食欲下降、失眠、多疑、焦虑、抑郁等心理问题；分居无法得到丈夫的体贴照顾与悉心呵护，导致情感空缺和性压抑的状态，缺乏倾诉对象，留守妇女易出现寂寞感，承受夫妻长期两地分离所带来的情感和心理上的不适应。不仅如此，留守妇女与男性村民的正常交往互动也受到社区舆论和传统文化规范的束缚，难以获得来自其他异性的物质与精神支持。留守妇女的心理健康不容忽视，需要心理疏导、亲人关怀。

面对上述问题，应该怎样有效地调节自己的心理呢？

1. 多与丈夫心灵沟通

丈夫不在身边，留守妇女饱受夫妻分居两地煎熬之苦，情感需求得不到满足，因此要经常和丈夫打电话，保持密切的联系，说说贴心的话，表达对丈夫的思念和分享家中生活的趣事，让丈夫及时了解妻子的状况，并给予妻子相应的情感支持。丈夫的关心是缓解她们精神压力的一剂最好的良药。

2. 常与家庭成员交流

丈夫不在家，留守妇女承受着多重的生活压力，下要照顾孩子，上要照顾老人……家中的问题，要和家庭成员多交流，遇到问题一起应对，团结互助和睦相处。除此之外，应珍惜邻里亲朋的情谊，有空聚在一起，聊聊家常，说说心中的苦与乐，走出精神的困境和阴霾。

3. 自立自强乐观生活

由于丈夫外出，家庭劳动负担必然会加重，自立自强才能生活得幸福和快乐，要根据自己的情况安排家庭生产生活，避免过重的体力劳动，减轻身体疲劳。要多参加农村文化礼堂的活动，丰富精神生活。

二十、怎样克服黄昏恋的心理障碍？

朱姨，65 岁，因为丈夫去世得早，多年来她与女儿相依为命。去年，朱姨经别人介绍，认识了单身的李大伯，虽然李大伯比她大 6 岁，但是相处之后，朱姨发现，李大伯为人宽厚有内涵，两个人

情投意合，很快就走到了一起。然而，李大伯的子女知道这件事后极力反对，两人最终还是选择了分开。

随着我国提前进入老龄化社会，老年人“黄昏恋”的问题日益成为公众关注的热点，再次走进婚姻的老人会遇到各种各样的困惑，除情感之外，财产处置、子女态度等问题，都是绕不过去的坎。其中影响最大的是老人的自我心理障碍。

其一，顾虑传统旧俗。在农村，女人再婚被认为是不光彩的事，尤其是女性老人，怕被别人说“老不正经”。有的老人怕再婚带来新的家庭矛盾，怕添新麻烦，所以宁可忍受孤独，也不再寻配偶。个别老年人患得患失，过分计较利害，左顾右盼，始终迈不开再婚的步子。还有的老年人由于过去与原来的配偶感情很深，如果再找一个，感到对不起过世的老伴。其二，顾虑子女反对。害怕与子女关系闹僵，将来失去子女的关爱，失去安全感。老年人再婚，不得不考虑儿女感受。其三，顾虑别人议论。担心别人说三道四，成为茶余饭后议论嘲笑的焦点，害怕社会偏见影响名誉，以后不能抬起头做人。

怎样克服黄昏恋心理障碍？

1. 消除各种顾虑

注意自我认知的调整，老年人作为社会的一个重要组成部分，有权按照自己的意志自由地恋爱和结婚。不要让“从一而终”“三从四德”的观念束缚了老年人追求幸福的权利。别人背后的议论肯定在所难免，不过生活是自己的，如果老年人缺乏精神上的慰藉，反而更容易导致生理和心理上的诸多问题。这需要打破自己的顾虑和传统观念的影响，全方位权衡后再做决定。

2.矫正再婚心理动机

老年人再婚，由于有昔日婚姻的经验比较和制约，双方心理都较复杂。婚姻是一种双向选择，不能只站在自己的角度来选择伴侣。老年人再婚，一般首先出于爱的需要、安全的需要和生理上的需要。然而，由于老人的经历和生活环境等与初婚不同，他们的心理较复杂，因而产生再婚心理的动机也千差万别。再婚后，只要双方积极进行心理调适，互敬互谅互爱，就可以创建幸福美满的新家庭。

3.做好子女的工作

多与子女进行沟通交流，要充分了解子女的想法和担忧，也要让子女明白老年人的想法。老年无伴的孤独和寂寞，是儿女无法排遣的，再孝敬的行为也替代不了老人之间的情感交流。作为子女应该从老人的角度出发，理解老人，支持他们再婚，这也是一种孝心。

4.克服回归心理

老年人总喜欢沉湎于过去的回忆之中，这在心理学上称为回归心理。要克服这种心理，关键在于双方都应认识到，过去的已经过去了，面对新的家庭，应宽以待人，努力消除矛盾，不断对自己进行心理调适。尽量不在对方面前提与旧人相处的情景，或尽可能不去进行二者的比较；多了解一些对方旧人的情况，努力比对方旧人在各方面做得更好一点。

5.适应对方心理

老年人已形成比较固定的价值观念和生活习惯，很难改变，

不像年轻人那样易于协调。这就要求老人再婚后尽快了解对方的心理特点，要相互宽容，而不是单向适应，正确对待老伴的性格和习惯，避免感情上的冲突，彼此积极互动，形成良性循环，互相尊重、互相谅解。

6.同等对待前婚子女

克服“排他”心理，与新配偶及子女建立新的关系，把双方子女都看成自己的孩子，尽到父母的职责，在衣食起居等一些生活小事上要一视同仁。

幸福其实不难，能有一个人时刻陪在身边，当话伴、饭伴、玩伴，这样的晚年生活才能过得更加美好。

二十一、如何帮助丧偶老人走出心理阴影?

张大娘77岁，与她共同生活了50年的老伴因突发脑溢血去世，她的精神当即崩溃了。她和丈夫恩恩爱爱、感情甚笃，如今人去楼空，使她失去了继续生活下去的信心。她原本就患有多种慢性疾病，以前总害怕治不好，现在却企盼着病情恶化，好早日到另一个世界与老伴重新团聚。

丧偶老人不仅在精神上有巨大的创伤，甚至会丧失继续生活下去的信心与勇气。在丧偶老人的精神世界里，要经历一个剧烈悲痛的过程，总觉得对不起逝者，甚至认为对方的离世自己负有主要责任，于是心理负担沉重，吃不下饭睡不好觉；在剧烈的情感波涛稍稍平息之后，又进入一个深沉的回忆和思念阶段，时而感到失去对方之后的凄凉和孤寂。

1.缓解老人丧偶之痛

(1)多陪伴安慰。应多陪伴老人,这样不仅使老人感到他并非独自面对不幸,而且可以鼓励他增强战胜孤独的信心。由于承受了巨大的打击,居丧的老年人往往难以对关心和安慰做出适当的反应或表示感激,甚至拒绝他人的好意。这时,家属千万不要放弃对老人的安慰。可让子孙多与老人交谈,老人对隔辈特别亲,往往见了子孙,一切悲痛都会烟消云散;尽管丧偶的悲痛不比其他小事,但隔辈的劝说会减轻老人的痛苦,让老人重新感觉到生活的乐趣。

(2)多关心照顾。在生活上要给老人以体贴和照顾,避免老人因悲伤过度而病倒,同时要使老人感觉到虽然配偶去世了,但生活上子女都很关心体贴他。与子女、亲友重新建立和谐的依恋关系,可以使老人感受到虽然失去了一个亲人,但家庭成员间的温暖与关怀依旧。老年人丧偶后,常常会责备自己过去有很多地方对不住自己的老伴儿。要帮助老人及时地调整好自责、内疚的心理,以积极的方式消除内疚。

2.丧偶后老人的心理调理

(1)坦然面对人生。生老病死是无法抗拒的自然规律。失去朝夕相处、患难与共的配偶的确是一件令人悲痛欲绝的事情,但这又是无法挽回的事实。要坚强地面对现实,多保重自己身体,更好地生活下去,就是对老伴最好的怀念,这也是老伴的心愿。

(2)学会自解自化。宣泄对维护身心健康有益,但无休止的悲痛必然会造成人为的精神消耗。要尽快地从悲哀的氛围中解脱出来,就要善于自解自化。生老病死是不以人的主观意志为转移的。死亡是每个人的最终归宿,谁也不可抗拒,只是早几年与

迟几年的问题。

(3)调整生活方式。老伴过世后,原有的某些生活方式被改变,应重新调整生活方式,设法转移自己的注意力。可以到亲朋处小住一段时间,或找与自己合得来的人说说话,唠唠家常,有事讲出来,不闷在心里,避免忧郁。时常看到老伴的遗物会不断强化思念之情,不妨把有些遗物暂时收藏起来,把注意力转移到现在和未来的生活中去。

(4)寻找情感支持。当老人丧偶后,情绪极度悲伤时,要鼓励老人把悲哀宣泄出来。老人也可以向子女、亲戚和朋友倾吐,以寻找情感上的支持和慰藉,使自己从亲朋好友的安抚中感受到温馨与鼓励。

二十二、为什么说自杀其实是种病?

"燕她妈喝农药了!"随着一声凄厉的叫喊,人们七手八脚地将一个女人抬上小货车。这位年轻母亲喝农药自杀,因抢救及时而脱离生命危险。

1.自杀应受到重视

自杀,已成为人类当前的第五大死因。当一些人遭遇重大的个人事件,如家庭变故、重大疾病、生意失败、重大自然灾害等,却无法自我解救时易产生自杀念头来解脱。另一类人群,是患有重性精神疾病的患者,如抑郁症、焦虑症、强迫症患者等,当家人和社会不理解、责怪他们时,也会出现自杀倾向。自杀与其他疾病不同,大多数自杀死亡者和自杀未遂者都年轻力壮。在农村,农药的获得非常容易,所以一有冲突,一有想不通的问题,情绪一冲动，就想到喝农药。

2. 预防自杀的关键

预防自杀的关键在于：对有自杀念头的人，将其当作一位病人，要加以理解，给予新的希望。尽量做到：

(1)保持冷静和耐心倾听。

(2)让他倾诉自己的感受。

(3)认可他表露出的情感，不试图说服他改变自己的感受。

(4)询问他当时的想法，了解是否有自杀的念头。

(5)相信他说的话，当他说要自杀时，应认真对待。

(6)让他相信他人的帮助能缓解自己所面临的困境，并鼓励他寻求帮助。

(7)如果你认为他当时自杀的危险性很高，家人要予以重视，并向专业机构求救，评估是否存在心理问题。

(8)对刚刚出现自杀行为如服毒、割腕等的人，要立即送到最近的医院急诊室进行抢救。

要有效预防自杀，一方面应努力普及精神卫生知识，让人们有效识别有自杀风险的人，并给予帮助；另一方面，要进行心理健康知识的宣教，提高人们的心理健康水平和应对能力，鼓励受到心理和精神困扰的人能尽早寻求专业帮助，解开心中的症结，重获阳光生活。

二十三、如何及早识别精神疾病?

精神疾病往往在严重影响了病人学习、工作、家庭和社会的安定时才被重视，但这时已造成了不应有的损失。及时发现、识

别精神疾病，及早就医治疗，对减少病人和家庭的痛苦是有重要意义的。

1. 日常生活中尽早发现和识别精神疾病

(1)精神疾病的早期表现。失眠、多梦、头昏、头痛、心情烦躁、沉闷少语、易疲劳、不思饮食、注意力不集中、好忘事、学习或工作能力下降，有全身不适感，这时往往不被周围人注意。

(2)行为异常。生活不规律、懒散、注意力涣散、独居一处、呆愣、凝视一方、双手掩耳、侧身倾听、自言自语。最常见的是病人有一些奇怪的、脱离现实的想法，也就是“妄想”。他们对某些事物有错误的看法，却深信不疑，譬如认为四周发生的事都和他有关，或都在说他的坏话；认为别人要害他(迫害妄想)；做些不可理解的动作(如跪拜)，或有破坏行为和攻击性行为。

(3)情感异常。情绪不稳定，比常人容易激动、悲伤、哭泣、自卑、自责厌世。对亲人冷淡、不愿见人、逢喜遇悲无动于衷，紧张、害怕、恐惧等。

(4)生活方面。工作或家务事无法料理；学业成绩一落千丈，却找不出合理的原因可以解释；不承认自己有病，甚至抗拒治疗；对事物敏感多疑、人际关系退缩等。

精神病有急性、慢性之分，又有“文”“武”之分。如发现有以上种种奇异的言行时，应早日请精神科医师诊断。因为精神病患者发病时丧失意识，对家人和社会均有威胁。

精神病是一种脑部的疾病，因为发病原因复杂，既有遗传因素，又与个人的身心素质、后天的社会环境有关，其治疗问题还是世界难题。但不应歧视他们，都应该善待精神病人。

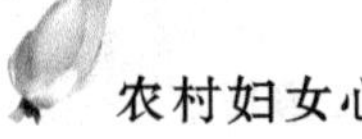

2.精神疾病认识常见误区

(1)得了精神病就没法治了,一辈子都不会好。这是一种错误的观点。调查显示超过八成的患者并不属于重性精神疾病,他们不需要住院或特殊监管,通过一般性治疗就可以康复。对于重性精神疾病患者,他们可以通过入院治疗、社区康复、家庭康复等方式回归社会。只要治疗及时,采取适当的早期治疗措施,精神疾病和其他许多躯体疾病如高血压、糖尿病一样,大多数患者都有可能完全康复,重新回到工作岗位,参与家庭和社会生活。

(2)精神病就是心理问题,调整心态就好了。精神疾病只是心理问题,做做心理咨询、调整调整心态就能康复。有些一般的心理问题,通过心理调适能改善,但如果是精神疾病就需要系统的规范化治疗,当然心理调适对疾病缓解能起到积极帮助作用。

(3)得精神病是"受了刺激"。把精神疾病归因为受到某个事件的刺激。患者或家属中总有人说"两口子吵架了",或者"孩子跟别人打架了",所以就得了精神疾病,实际上这是不科学的认识。

(4)想自杀才是得了精神病。以往的认识中,想自杀才是得了精神病,实际上一些小的症状就可能是患病先兆。功能性精神疾病,靠目前的检查设备很难检查出是否有明显病变,患者对精神疾病的知晓率也很低。

(5)精神疾病患者都是疯子傻子。由于人们对精神疾病的知晓率低,精神卫生知识普及较匮乏,不少人将患有精神疾病的人与疯子、傻子画等号。按照世界卫生组织的诊断分类,精神疾病约有200种之多,排在前三位的是:心境障碍、焦虑障碍、物质依赖相关障碍。这些疾病患者一般不会做出危及他人安全的过激

行为，可能存在意识丧失、行为失控的重性精神障碍的患者仅占总患病人数的1%左右。

(6)精神病是神经错乱。很多人把精神病误认为神经病，这是两类性质完全不同的疾病。精神疾病指精神活动严重紊乱，精神状态有显著障碍，导致病人在认知、情感及意志等方面出现障碍，如精神分裂症，表现为多疑、行为怪异等。而神经病是指神经系统有器质性病变，如脑外伤、脑梗死等，多表现为疼痛、麻木，或无力、瘫痪、意识不清等。

(7)患有精神疾病的人更容易暴力伤人。调查显示重性精神疾病患者中存在暴力倾向或行为的人占8%—10%，而在未患病的普通人中则有近20%的人使用过暴力。实际上，他们更容易被监禁，更可能成为暴力的受害者。

(8)有不良情绪就是有精神疾病。很多人认为出现了抑郁情绪，自己就是得了抑郁症。人们遇到精神压力、生活挫折、痛苦的境遇或生老病死等情况，自然会产生情绪变化，尤其是出现抑郁情绪。

3.善待精神病患者

社会歧视、社会偏见等因素导致精神疾病患者不愿进专业机构治疗，这是影响精神疾病治疗和康复的重要原因之一。要消除歧视，给他们一个温暖的空间。

(1)及早治疗。对于有精神病倾向的患者，家人应尽早咨询相关专家，督促其就医。在服药、住院等方面严格遵医嘱，不要被“游医神汉”等欺骗。

(2)亲情关怀。妥善安排患者生活，保障其正常的饮食起居、卫生行为等。家人亲友应对患者表达自己的爱心，做到不打骂、不虐待。

(3)接纳理解。要多了解精神卫生知识、客观地对待精神疾病患者,接纳理解他们,多给他们一个微笑,一点力所能及的帮助。

其实,精神病也是“社会病”“家庭病”,我们每个人都有责任。善待每一位精神病患者,不但是社会精神文明建设的重要组成部分,而且能使家庭和社会更安全、稳定。

二十四、如何调适妇科癌症病人的心理?

妇科癌症包括外阴癌、子宫颈癌、宫体癌、卵巢癌、输卵管癌等。谈癌色变,癌症一旦确诊,对患者及家庭成员在心理上是个沉重的打击,许多患者除了肿瘤诊断本身所造成的苦恼外,她们还会出现恐惧、悲观、焦虑、抑郁、脆弱等消极心理表现,她们会被失去健康、面临死亡所困扰,这种压力会贯穿于疾病治疗的全过程。这不仅是因为疾病本身,还因为癌症这个名称所造成的深远影响和引发出的巨大的感情反映。

1.妇科癌症的影响

妇科癌症是唯一的能够直接影响女性及性特征因素的疾病。这些因素在不同程度上有助于女性气质的形成,当癌症侵犯女性体内这些部位时,就意味着女性重要的部位受到了影响。对较年轻的女性来说,她们更容易因被癌症剥夺了生育能力和不能成为合适的性伴侣或配偶而产生压抑。爱美是女性的共同特征,手术后形体的改变,化疗后脱发、皮肤的色素沉着,压力过大的患者可能会出现预期性恶心、呕吐。经济压力主要与治疗过程有关,手

术、化疗、放疗、靶向治疗。巨大的经济负担往往会给患者带来巨大的压力，甚至有人会放弃治疗。

2.心理因素对抗击癌症的作用

妇科癌症除了需要采用某些药物和抗癌食物防治外，心理因素也十分重要。在癌症患者中，大约有10％的人会出现癌症自然消退的现象，而且一经消退，之后极少再次复发。这些癌症得以自然消退的患者绝大多数是那些平日性格开朗、喜欢运动锻炼和生活乐观的人。

一位老年患者得知自己患了卵巢癌，震惊过后，心情很快就平静下来。她说生、老、病、死是一切生物体生命过程的自然规律。“畏者不可能苟免，贪者不可以苟得。”她一边按照医嘱进行手术和药物治疗；一边跳跳广场舞、唱唱越剧，这种对待疾病的态度对她来说最大的收获就是“苦恼人学会了笑”，因而她病情比较稳定，生活得既快乐又充实。其实有许多这样的癌症患者成为生活的真正强者。

另有一位三十多岁年轻的卵巢癌患者，病变较上述老年患者轻，因其心肺等重要脏器无器质性病变，手术较上述老者彻底，但她术后痛不欲生，感到天理不公，时常抱怨灾难为何落到自己头上，往往按捺不住这种莫名的愤怨，便向周围的人肆意发泄，脾气变得暴躁；常常出口伤人，内心极度痛苦。虽然已经经过医生彻底的手术加术后化疗，但病情很快复发，日趋恶化，且出现并发症，于半年后不治身亡。

从以上两个病例可以看出，由于女性癌症患者心理素质的差异，对待疾病态度的不同，同一疾病术后有很大差别。积极的心理对身心健康的良好作用是任何药物和保健品所不能代替的，消极的心理对身心健康的危害不亚于病毒。良好的心理状态能使人获得满足与身心和谐,有益于身心向健康的方向发展。所以要重视对妇科癌症患者的心理疏导,培养她们抗病的恒心与毅力,采取积极有效的治疗手段以争取康复。

癌症病人应当具备怎样的心理素质呢?著名医学专家伊丹教授指出:“惧怕死亡和疾病是非常健康的心理,没有这种害怕心理是不正常的。对惧怕的心理不要去管它,重点应放在追求有意义的生活上。”要让患者充分认识自己的病情,并主动采取积极的态度去对抗疾病。

3.妇科癌症病人调适心理的办法

(1)认知疗法。培养积极思维,对生命有豁达的态度。生病是很常见的自然现象,癌症是一类难治的疾病。癌症难治不等于不能治,更不等于治不好,只不过是一场与时间赛跑、心理抗争的生命之战。勇敢面对的心态是与癌魔抗争的一剂良药,如果能调适好心理状态,保持良好的心态,再加上科学治疗,合理调整饮食,适当运动,就一定能战胜疾病。

(2)心理支持疗法。家人要给患者以心理上的支持与鼓励,家庭中其他成员首先要面对现实,在对病人进行照顾的同时,要用心倾听感受患者的内心世界,做好耐心细致的思想解释工作,让患者感到周围巨大的支持力量,增强信心,千万不要诚惶诚恐,整天在病人面前做出一副悲伤、痛苦的表情,增加患者的思想压力。

(3)自我放松疗法。自我放松疗法主要是通过一定的手段和自行活动,使患者消除对癌症的紧张心理,消除负性情绪影响,调动机体抵抗力,促使肿瘤的逆转和康复。每个人都能找到自己独

特的放松方法，如冥想法、气功疗法、催眠法、生物疗法及印度的瑜伽术等。

二十五、为什么说心理门诊能解心忧？

有这样一个小故事，说明了不同的人对待心理咨询的不同态度：

韩美要求小雷陪同她去心理诊所，她觉得自己心情不太好，需要和心理医生谈一谈。韩美能够主动寻求心理咨询机构的帮助，小雷对她印象非常好，他们很快进入热恋。赵先生告诉女朋友晓雯，他昨天去进行心理咨询，今天心情好多了。而晓雯立即脸色大变：去做心理咨询了？是不是有精神病？那以后会不会遗传给孩子？因此他们竟然分手了。

由于经济发展和社会变化太快，抑郁症、焦虑症、强迫症等等心理健康问题成了流行的“时代病”；换句话说，几乎每个人都会遇到大大小小的心理问题，如果不注意预防和治疗，一般心理问题往往会变成严重心理问题，甚至转变成严重的精神疾病。

哪些人需看心理医生？患有心理疾病的人，主要包括以情绪障碍为主要特征的焦虑、抑郁、强迫、恐怖、疑病等各种神经症患者；长期失眠，无法自控者；长期躯体不适，经躯体检查未发现明显器质性病变者；人际关系出现严重问题者；生活、工作压力过大，无力承受但又不能自行调节者；遭遇重大生活挫折者；患有某种身体疾病，产生心理压力者；长期家庭纠纷，渴望通过指导改善者；学习困难的儿童。

心理咨询，对中国老百姓来说，已经越来越熟悉。众所周知，80％以上的身体疾病都是因为心理问题引起的。心理咨询，可以改变一个人的生命状态，让人摆脱生活中的各种困扰，其中包括21世纪的主要“杀手”——抑郁症；可以帮助我们解决家庭关系矛盾，改善夫妻关系和亲子关系；等等。

小贴士

警惕：女性不健康的几种症状

女性在当今社会承担着更多的责任和付出，辛劳有可能威胁她们的健康。所以，要时时警惕，倍加呵护。以下几种症状常被我们忽略，其实并非小事，说明身体不健康了，需要注意。

腰痛。突然剧烈的腰痛可能是膀胱炎或者附件炎作怪。应该到医院验血、验尿，如果需要的话，可以做膀胱镜检查或妇科检查，进行必要的消炎治疗和理疗。自我保健可多喝水，忌辛辣、含香料的食物。如果用南瓜油或者檀香油泡澡效果会更好。

易怒。一段时间情绪不稳，因为一点儿琐事就哭泣，如与你的性格并非相符，这就需要检查甲状腺，中枢神经系统对甲状腺激素失调最敏感。初期症状表现为容易激动、脾气暴躁、爱哭、失眠，以及胃口虽好却日渐消瘦，月经紊乱。可以增加与好友的沟通、倾诉，让他们随时给你鼓励。

头晕。经常头晕者应该检查血压。任何年龄段的人都可能患低血压，女性通常在35—40岁时出现。要调整饮食，选择一些对自己有益的体育运动。

腿肿。晚上腿肿，变得没有知觉，这是慢性静脉衰竭的症状。需要多吃生的蔬菜，它们含有可以加固静脉壁的纤维。每天做几遍腿部保健操。

抽筋。手脚经常抽筋可能是缺钙和维生素D。它们决定骨骼的硬度和肌肉的收缩。要多吃些奶制品、肝脏和海鲜类食品。每天保持半小时以上的日光浴。

腹胀。经常腹胀非小事。腹胀堪称是卵巢癌“红牌”警告,常在未触及下腹部肿块前即可发生。卵巢癌跟腹胀之间有什么联系呢?肿瘤本身压迫,并在腹腔内牵扩周围韧带所致,加之腹水的发生,使患者常有腹胀感。因此,有不明原因腹胀的妇女,特别是更年期女性,应及时做妇科检查。

口渴。体重变化、经常口渴和想上厕所,这些症状有点像糖尿病,有必要去做血糖检查。如果检查结果还算正常,也要少吃甜食和油腻的食物。

脱发。女性比男性更容易患分散性脱发(头发从头部各处脱落)。头发大量脱落的原因可能是心理压力、未治愈的感染或不正确的饮食。也可能是某些疾病或先天性疾病所致,皮脂腺分泌过多或皮脂腺分泌性质改变都可引起脱发。

乳头改变。很多女性对于乳腺癌的知识并不了解,因此,及时地关注自己乳房的异常变化,就能及时地发现疾病的存在。当乳头附近有癌肿存在,乳头常被上牵,故双侧乳头高低不一。乳头内陷是乳房中心区癌肿的重要体征,乳头难以用手指牵出,处于固定回缩状态。

资料来源:孙健升《培育阳光心态》,河北人民出版社2007年版。

第七章

神秘的心灵花园

平和的心　诊断自我心理健康

健康稳定的心理素质，是女性享受生活、拥有幸福的必要基础。通过科学的测试手段，为自己神秘的心灵“号脉”，以便了解自己的心理状态，发现潜在的心理情绪障碍，防止心理问题演变成严重的心理疾病，促进身心的全面健康。远离心理疾病，做最好的自己！

一、为什么要做心理健康体检?

真正的健康不仅是躯体健康还包括心理健康,全面的健康体检也应该包括身体体检和心理体检。

心理体检,就是依据心理学理论,使用一定的操作程序,通过分析受检者的行为,或是受检者对问题的回答,对于受检者的心理特点做出推论和数量化分析的一种科学手段。能够读懂你的心的神秘工具叫心理量表,就像体温计、血压计可以测量人的生理特征一样,是用来评估你的心理特征的工具。

目前用于心理体检的心理量表可分为智力类、个性人格类、情绪类、亚健康状况类、婚姻家庭类及生活满意度等测试类型。每一类别下都有多个不同的量表可供选择,心理医生会根据不同体检者及个体需求选择不同的心理量表体检。

1.人格测验

人格测验是指采用标准化的工具对参检人员现在的人格做出质和量的描述,主要用于测量性格、气质、兴趣、态度、品德、情绪、信念、价值观等方面的个性心理特征,并对未来行为做出预期。常用于心理诊断、咨询和心理治疗、司法鉴定、人事选拔以及人格研究诸多方面。

2.心理状态测验

心理状态是指人在某一时刻的心理活动水平。例如一个人在一定时间里是积极向上还是悲观失望,是紧张、激动还是轻松、冷静等。通过心理状态测验,可以对参检人员的心理健康水平进行评估,并且可以进行心理疾病的筛查以及辅助诊断。

3.情绪、认知测验

情绪测验一般用来对参检人员的情绪状态进行评估，了解其主观情绪体验和感受，推断其心情、气质、性格和性情状态。认知测验严格上应称为认知能力测验，是指从认知的角度对部分能力进行测验，因此认知能力测验是能力测验的一个子集。

4.人际关系测验

人际关系是人与人在沟通与交往中建立起来的直接的心理上的联系。一般来说，人际关系的建立与发展会对人们的心理产生影响，从另一个角度来看，人际关系的状况也反映着一个人心理健康的发展水平。人际关系测验可了解参加体检人员的人际交往能力、沟通能力和合群性。

5.婚恋家庭测验

恋爱和婚姻是人生的重要内容，拥有和谐幸福的恋爱和婚姻生活才能拥有幸福的人生。婚恋家庭测验可以从多个角度对参加体检人员的婚恋及家庭状况进行评估，量化家庭功能、婚姻质量、爱情匹配度等因素。

6.社会行为测试

社会行为测试通过对参检人员的可观察的外显行为进行测试，从而对其行为方式、适应能力、意志力做出评估和推断，并能对一些不良行为，如饮酒、吸烟问题进行评定。

7.职业测试

一个心理健康的人才能够最大限度地发挥自己的潜能，积极主动地融入事业环境中，在职业生涯中取得成绩，获得肯定，享受

快乐和成就。职业测试可以评估员工的职业适应能力、职业倦怠程度、快乐指数、逆商指数，对于员工职业生涯的成就有着较好的预测效度和指导意义。

8. 工作压力测试

现代社会中，工作压力让人们感到疲倦和失落，尤其在紧张的情况下，视野会变得狭窄、判断力下降，无法将注意力集中在当前的任务上，常常做出错误的判断。工作压力评估问卷是根据人们平时工作上遇到的问题，在多项调查的基础上自编的一种评估问卷，与其他类似问卷比较，有较好的信度、效度，可以作为了解工作压力情况的有效手段。

那么，什么情况下要做心理体检呢？当你想要了解自己的心理健康状况的时候，心理体检是最方便、快捷、准确的方法；当你在某些时候觉得孤独或者想找人说说话时，就需要进行心理体检了；当你发现生活、情感压力过大，使你觉得有点胸闷难受、心区疼痛（但到医院检查又查不出身体问题）、焦虑不安、容易发火、心情烦躁、失眠时，就需要心理体检；当你的家庭婚姻关系出现问题，如夫妻间交流困难、夫妻间性生活不和谐、处理离婚时，你显然也需要心理体检。

心理体检应该伴随一个人的一生，而不是心理有问题了才体检，心理体检应该定期地进行。心理体检可以诊断受检者目前的心理健康状况，为其调整心理状态提供依据，以及时调整心理状态，做到心理养生，及早筛查心理不良反应和隐患，帮助预防或走出心理亚健康。如果受检者的心理状态严重偏离心理健康标准，就要及时就医，以便早期诊断与早期治疗，防患未然。

二、心理健康综合自测

下面是有关您近10天内心理状态的一些题目(见表7-1),请仔细阅读每个题目,然后根据自己的实际情况认真填写。每个题目后边都有5个等级供您选择,按照程度的高低分别用1、2、3、4、5来表示。每个题目后只能选择一个等级,在相应的数字上画钩;每个题目都要回答;每个题目都没有对错之分。请您尽快回答,不要在每道题上过多思索。

表7-1 中国人心理健康量表

序号	测试项目	从无	轻重	中度	偏重	严重
1	我情绪忽高忽低	1	2	3	4	5
2	做什么事我都感觉很困难	1	2	3	4	5
3	我喜欢与人争论、抬杠	1	2	3	4	5
4	我对许多事情心烦	1	2	3	4	5
5	遇到紧急的事我手发抖	1	2	3	4	5
6	我怕应付麻烦的事	1	2	3	4	5
7	我情绪低落	1	2	3	4	5
8	我感觉人们对我不公平	1	2	3	4	5
9	我觉得大多数人都不可信任	1	2	3	4	5
10	感觉别人对我不友好	1	2	3	4	5
11	我不能控制自己而发脾气	1	2	3	4	5
12	我感觉前途没有希望	1	2	3	4	5
13	我喜怒无常	1	2	3	4	5
14	我要求别人十全十美	1	2	3	4	5

续 表

序号	测试项目	从无	轻重	中度	偏重	严重
15	我抱怨自己为什么比不上别人	1	2	3	4	5
16	我觉得别人想占我的便宜	1	2	3	4	5
17	我觉得活得很累	1	2	3	4	5
18	看见房间杂乱无章，我就安不下心来	1	2	3	4	5
19	我着急时，嘴里有味	1	2	3	4	5
20	我感觉我有坏事发生	1	2	3	4	5
21	我觉得疲劳	1	2	3	4	5
22	我常为一些小事而心情不好	1	2	3	4	5
23	我不能容忍别人	1	2	3	4	5
24	别人做出成绩我会生气	1	2	3	4	5
25	我的想法与别人不一样	1	2	3	4	5
26	遇到挫折，我便灰心	1	2	3	4	5
27	我经常责备自己	1	2	3	4	5
28	我害怕别人注意我的短处	1	2	3	4	5
29	我一紧张就头痛	1	2	3	4	5
30	我有想打人或骂人的冲动	1	2	3	4	5
31	感觉别人不理解我、不同情我	1	2	3	4	5
32	我固执己见	1	2	3	4	5
33	我对什么事情都无兴趣	1	2	3	4	5
34	我心里焦躁	1	2	3	4	5
35	我通过人多、车多的十字路口心里发慌	1	2	3	4	5
36	遇到紧急的事我尿频	1	2	3	4	5

续　表

序号	测试项目	从无	轻重	中度	偏重	严重
37	我心情时好时坏	1	2	3	4	5
38	我对新事物不习惯	1	2	3	4	5
39	我感觉别人亏待我	1	2	3	4	5
40	我感觉很难与人相处	1	2	3	4	5
41	我有想摔东西的冲动	1	2	3	4	5
42	我觉得我出力不讨好	1	2	3	4	5
43	总觉得别人在背后议论我	1	2	3	4	5
44	我爱揭别人短处	1	2	3	4	5
45	我喜怒都表现在脸上	1	2	3	4	5
46	我紧张时睡不好觉	1	2	3	4	5
47	我无缘无故感到紧张	1	2	3	4	5
48	遇到应采取果断行动时，我就犹豫不决	1	2	3	4	5
49	我与人相处时关系紧张	1	2	3	4	5
50	该做的事做不完我放不下心	1	2	3	4	5
51	我不分场合发泄我的不满	1	2	3	4	5
52	我控制不住自己的情绪	1	2	3	4	5
53	当别人看我或议论我时，感觉不自在	1	2	3	4	5
54	别人对我成绩的评价不恰当	1	2	3	4	5
55	我感觉自己没有什么价值	1	2	3	4	5
56	我总觉得别人在跟我作对	1	2	3	4	5
57	我情绪波动性大	1	2	3	4	5
58	我担心别人看不起我	1	2	3	4	5

续 表

序号	测试项目	从无	轻重	中度	偏重	严重
59	我感到忧愁	1	2	3	4	5
60	我心情紧张，胃就不舒服	1	2	3	4	5
61	在变化的情况下，我不能灵活处事	1	2	3	4	5
62	我觉得我的学习或工作的负担重	1	2	3	4	5
63	我对比我强的人并不服气	1	2	3	4	5
64	我不接受别人的意见	1	2	3	4	5
65	我对亲朋好友忽冷忽热	1	2	3	4	5
66	我觉得生活没意思	1	2	3	4	5
67	我担心自已有病	1	2	3	4	5
68	遇到紧急情况时，我心跳得厉害	1	2	3	4	5
69	我与陌生人打交道时感到为难	1	2	3	4	5
70	我心里总觉得有事	1	2	3	4	5
71	我在公共场合吃东西感觉不舒服	1	2	3	4	5
72	我的朋友有钱、吃好穿好，我感到不舒服	1	2	3	4	5
73	我做事想怎么做就怎么做	1	2	3	4	5
74	我难以完成工作任务或学习任务	1	2	3	4	5
75	紧张时我手出汗	1	2	3	4	5
76	我常用刻薄的话刺激别人	1	2	3	4	5
77	我遇到杂、乱、脏的环境或强烈噪声不能承受	1	2	3	4	5
78	我容易激动	1	2	3	4	5
79	我的感情容易受到别人的伤害	1	2	3	4	5
80	到一个新环境，我不能很快适应	1	2	3	4	5

1.心理健康量表评分

每一个项目都采用5级评分制。

(1)无:自觉无该项问题。

(2)轻度:自觉偶尔有该项问题。

(3)时有:自觉有该项症状,时有发生。

(4)经常:自觉有该项症状,经常发生。

(5)总是:自觉有该项症状,总是存在。

2.心理健康量表的内容

心理健康量表的80个评定项目,可归类为10个因子。各因子所包含的项目如下:

(1)人际关系紧张与敏感:包括10、14、23、31、49、53、71、79,共8项。该因子主要反映受试者人际关系方面的紧张、敏感等。

(2)心理承受力差:包括2、17、26、40、50、62、74、77,共8项。该因子反映受试者:做事感觉困难,遇到困难、挫折易灰心,觉得工作、学习负担重与难以完成,对待环境杂乱脏不能忍受,等等。

(3)适应性差:包括6、18、35、38、48、61、69、80,共8项。该因子反映受试者对事情、环境、人的不适应等。

(4)心理不平衡:包括8、15、24、39、42、54、63、72,共8项。该因子反映受试者感到别人对他不公平,抱怨自己赶不上别人,别人有成绩自己生气,觉得自己出力不讨好、别人亏待自己,对比自己强的人不服气。

(5)情绪失调:包括1、13、22、37、45、52、57、65,共8项。该因子反映受试者情绪不稳定、心情不愉快、控制不住自己情绪等情绪问题。

(6)焦虑:包括4、20、28、34、47、58、67、70,共8项。该因子反

映受试者对许多事情心烦、预感有坏事发生，心理烦躁、无缘无故紧张、担心自己有病等焦虑症状。

(7)抑郁：包括7、12、21、27、33、55、59、66，共8项。该因子反映受试者情绪低落，对前途感觉无希望、疲劳、对事情不感兴趣，感到忧愁、生活无意思等抑郁症状。

(8)敌对：包括3、11、30、41、44、51、76、78，共8项。该因子反映受试者喜欢与人争论，不能控制脾气，有摔东西的冲动，爱挑人毛病，爱刺激别人等敌对症状。

(9)偏执：包括9、16、25、32、43、56、64、73，共8项。该因子反映受试者不信任人，固执己见，总认为别人在背后议论自己和与自己作对，不能接受别人意见，我行我素等偏执症状。

(10)躯体化：包括5、19、29、36、46、60、68、75，共8项。该因子反映受试者心理紧张时会产生躯体化不适等症状，例如手发抖，尿频，头痛，睡不好觉，胃不舒服，心跳加快，等等。

3.评分方法

(1)因子分。

心理健康量表共包括10个分量表，每个分量表都包括8项。各分量表的因子分的计算方法，是将8个项目的分数相加之和除以因子数，即除以8，为该分量表的因子分。每一项目采用5等级评分法，即无为1分，以此类推。每个因子的8项按此标准计分除以8，即为该因子的因子分。

判断自己心理健康状况，在填完心理健康量表后，根据10个因子的因子分，以2分为简单判断标准分数线，就可以简单、初步地判断哪些因子存在问题和症状。

初步确定心理问题和症状严重程度的评定分数值：2分—2.

99 分为该因子轻度存在问题;3 分—3.99 分,表示该因子存在中度症状;4—4.99 分为该因子存在较重的症状;5—5.99 分表示该因子存在严重的心理症状。

(2)总均分。

总均分的计算方法是把该量表 80 项各自的分数相加之和被 80 除,得出的分数便是受试者心理健康的总均分。

用总均分判定受试者心理健康状况:2—2.99 分为轻度的心理健康问题;3—3.99 分为中等程度的心理问题;4—4.99 分为较严重的心理问题;5—5.99 分为非常严重的心理问题。

4.测试得分分析

心理健康量表总均分在 2—2.99 分,可以进行自我心理调适予以解决。

心理健康量表总均分在 3—4 分,可以进行自我心理调适,如果对调适效果不满意,可找心理医生进行咨询,寻求解决方法。

心理健康量表总均分超过 4 分,建议请心理医生帮助解决。

资料来源:王极盛著《心灵时代——心理主宰健康》,中国城市出版社 1998 年版。

三、心理健康状态测试

1.测试目的和要求

主要是测试是否具有健康的心理状态。

测试时间:20 分钟

2.测试题目

(1)在人比较多或者陌生的场合中,你是否会感到忐忑不安,担心自己会失败或者出丑?

A.基本上是这样　　B.经常会这样

C.偶尔有时会这样　　D.基本不会这样

(2)当有人想请你帮忙而你又不愿意做时,你是否会直接拒绝别人?

A.基本上是这样　　B.经常会这样

C.偶尔有时会这样　　D.基本不会这样

(3)每当和陌生人在一起的时候,你是否都会害羞,感到不安?

A.基本上是这样　　B.经常会这样

C.偶尔有时会这样　　D.基本不会这样

(4)当你遇到不愉快的事情,比如和你约会的朋友来晚了,你当时很生气,事后是否又会很后悔?

A.基本上是这样　　B.经常会这样

C.偶尔有时会这样　　D.基本不会这样

(5)对于需要你做决定的事情,比如买衣服或者决定去什么地方旅游时,你会很犹豫,难以做决定?

A.基本上是这样　　B.经常会这样

C.偶尔有时会这样　　D.基本不会这样

(6)参加集体活动时,你是否常常不知道该如何跟别人相处,只能一个人待着?

A.基本上是这样　　B.经常会这样

C.偶尔有时会这样　　D.基本不会这样

(7)在做家务活时或者在生产劳动中,你是否会希望得到别人的认可和称赞?

A.基本上是这样　　B.经常会这样

C.偶尔有时会这样　　D.基本不会这样

(8)当有人在你面前插队或者被别人占了便宜时,你是否会不高兴?

A.基本上是这样　　B.经常会这样

C.偶尔有时会这样　　D.基本不会这样

(9)对你的亲人或者最亲近的朋友,你是否感到满意?

A.基本上是这样　　B.经常会这样

C.偶尔有时会这样　　D.基本不会这样

(10)在你参加面试或者出席晚会等重要场合时,你是否需要借助药力才能镇定?

A.基本上是这样　　B.经常会这样

C.偶尔有时会这样　　D.基本不会这样

(11)你是否对自己的一些坏习惯,比如说爱吃零食、抽烟、喝酒等感到不满意?

A.基本上是这样　　B.经常会这样

C.偶尔有时会这样　　D.基本不会这样

(12)如果把你封闭在一个狭小的空间里面,你会不会感到恐惧压抑,甚至到无法行动的程度?

A.基本上是这样　　B.经常会这样

C.偶尔有时会这样　　D.基本不会这样

(13)当你出门以后,你是否常常会担心门窗没有关好,或者煤气没有关,甚至要回去看看才能确定?

A.基本上是这样　　B.经常会这样

C. 偶尔有时会这样　　　　D. 基本不会这样

(14)你的性生活是否和谐?

A. 基本上是这样　　　　B. 经常会这样

C. 偶尔有时会这样　　　　D. 基本不会这样

(15)你晚上躺下后是否需要很长时间才能入睡,或者天还未亮又早早醒来?

A. 基本上是这样　　　　B. 经常会这样

C. 偶尔有时会这样　　　　D. 基本不会这样

(16)你是否很爱干净,总是怕弄脏别的东西,或者害怕有东西会把你弄脏?

A. 基本上是这样　　　　B. 经常会这样

C. 偶尔有时会这样　　　　D. 基本不会这样

(17)你是否曾经产生过轻生的念头,对生活感到绝望?

A. 基本上是这样　　　　B. 经常会这样

C. 偶尔有时会这样　　　　D. 基本不会这样

(18)你是否有敏锐的感觉,对于别人无法察觉的东西经常能够及时知道?

A. 基本上是这样　　　　B. 经常会这样

C. 偶尔有时会这样　　　　D. 基本不会这样

(19)你是否觉得自己有高人一等的能力,或者别人有这样的能力来对付你?

A. 基本上是这样　　　　B. 经常会这样

C. 偶尔有时会这样　　　　D. 基本不会这样

3.测试评分和分析

参考答案:第 2、8、10 题选 A 或 B,第 4 题选 B 或 C,第 17、

18、19题选D,余下的题选C或D。

第1—10题,主要是测试人的自信心,如果你的答案和参考答案不相符,则说明你需要加强自己的自信心。建议你在工作和生活中不要过多在意别人的看法,要做到即使无人喝彩,自己也要懂得享受生活。

第11—14题,主要是测试人的心理是否健康,如果你的答案与参考答案不同,则说明你可能有一点心理障碍,建议你注意调整自己的心态,可以做一些心理咨询,或者了解有关心理学方面的有关知识,学会缓解压力。

第15—19题,主要是测试人的心理是否健康,如果你的答案和参考答案不相符,则说明你可能有比较严重的心理障碍。建议你尽快找专业的心理医生做一些专门的测试,针对你的心理障碍进行相关的治疗。

资料来源:王晓丽,李晓燕编著《职业女性心理健康与调适》,中国言实出版社2012年版。

四、个性测试

1.指导语及测试题目

本测验由许多与你有关的问题组成,用于测试你是什么样的个性。

当你阅读每一道题目时,请考虑是否符合你自己的实际情况和看法。如果情况符合,请用"是""否"回答。请尽快填写你看完题目后的第一印象,不要在每一道题目上费太多时间思索。答案

无所谓对与不对，好与不好，完全不必有任何顾虑。

(1)你的情绪是否时起时落？

(2)当你看到小孩(或动物)受折磨时是否感到难受？

(3)你是个健谈的人吗？

(4)如果你说了要做什么事，不论此事是否顺利你都总能遵守诺言？

(5)你是否会无缘无故地感到“很惨”？

(6)欠债会使你不安吗？

(7)你是个生气勃勃的人吗？

(8)你曾贪图过身外之物吗？

(9)你是个容易被激怒的人吗？

(10)你会服用能产生奇异或危险效果的药物吗？

(11)你愿意认识陌生人吗？

(12)你是否曾经有过明知自己做错了事却责备别人的情况？

(13)你的感情容易受伤害吗？

(14)你是否愿意按照自己的方式行事，而不愿意按照规则办事？

(15)在热闹的聚会中你能使自己放得开，使自己玩得开心吗？

(16)你所有的习惯是否都是好的？

(17)你是否时常感到“极其厌倦”？

(18)良好的举止和整洁对你来说很重要吗？

(19)在结交新朋友时，你经常是积极主动的吗？

(20)你是否有过随口骂人的时候？

(21)你认为自己是一个胆怯不安的人吗？

(22)你是否认为婚姻是不合时宜的，应该废除？

(23)你能否能很容易地给一个沉闷的聚会注入活力?

(24)你曾毁坏或丢失过别人的东西吗?

(25)你是个忧心忡忡的人吗?

(26)你爱和别人合作吗?

(27)在社交场合你是否倾向于待在不显眼的地方?

(28)如果在你的工作中出现了错误,你知道后会感到忧虑吗?

(29)你讲过别人的坏话或脏话吗?

(30)你认为自己是个神经紧张或"弦绷得过紧"的人吗?

(31)你是否觉得人们为了未来有保障,而在储蓄和保险方面的花费太多了?

(32)你是否喜欢和人们相处?

(33)当你还是个小孩子的时候,你是否曾有过对父母耍赖或不听话的行为?

(34)在经历了一次令人难堪的事之后,你是否会为此烦恼很长时间?

(35)你是否努力使自己对人不粗鲁?

(36)你是否喜欢在自己周围有许多热闹和令人兴奋的事情?

(37)你曾在玩游戏时作过弊吗?

(38)你是否因自己"神经过敏"而感到痛苦?

(39)你愿意别人怕你吗?

(40)你曾利用过别人吗?

(41)你是否喜欢说笑话和谈论有趣的事?

(42)你是否时常感到孤独?

(43)你是否认为遵循社会规范比按照个人方式行事更好一些?

(44)在别人眼里你总是充满活力的吗?

(45)你总能做到言行一致吗?

(46)你是否时常被负疚感所困扰?

(47)你有时将今天该做的事情拖到明天去做吗?

(48)你能使一个聚会顺利进行下去吗?

(正向计分:是1分,否－1分;反向计分:是－1分,否1分)

2.量表解释

该测试被称为艾森克人格问卷简式量表中国版(EPQ-RSC),包括精神质(P)、内外向(E)、神经质(N)、和说谎(L)4个分量表。

P精神质量表(psychoticism,P)又称倔强、讲求实际

正向记分:10、14、22、31、39

反向记分:2、6、18、26、28、35、43

E外向(extrovi-sion,E,或称外倾)

正向记分:3、7、11、15、19、23、32、36、41、44、48

反向记分:27

N神经质(neuroticism,N)又称情绪性

正向记分:1、5、9、13、17、21、25、30、34、38、42、46

反向记分:无

L掩饰量表(lie,L)效度量表

正向记分:4、16、45

反向记分:8、12、20、24、29、33、37、40、47

(1)P量表:P分高的人表现为不关心人,独身者,常有麻烦,在哪里都感到不合适,有的可能残忍、缺乏同情心、感觉迟钝,常抱有敌意,进攻他人,对同伴和动物缺乏人类感情。如为儿童,常

对人仇视、缺乏是非感、无社会化概念，多恶作剧，是一种麻烦的儿童。

P 分低的无上述情况。

(2)E 量表：E 分高为外向，爱社交，广交朋友，渴望兴奋，喜欢冒险，行动常受冲动影响，反应快，乐观，好谈笑，情绪倾向失控，做事欠踏实。

E 分低为内向，安静、离群、保守、交友不广、但有挚友。喜瞻前顾后，行为不易受冲动影响，不爱兴奋的事，做事有计划，生活有规律，做事严谨，倾向悲观，踏实可靠。

(3)N 量表：N 分高，情绪不稳定，焦虑、紧张、易怒，往往又有抑郁。睡眠不好，往往有几种心身障碍。情绪过分，对各种刺激的反应都过于强烈，动情绪后难以平复，如与外向结合时，这种人容易冒火，以至进攻。概括地说，这是一种情绪紧张的人，好抱偏见，以致错误。

N 分低，情绪过于稳定，反应很缓慢，很弱，又容易平复，通常是平静的，很难生气，在一般人难以忍耐的刺激下也有所反应，但不强烈。

(4)L 量表：掩饰量表，原来作为分别答卷有效或无效的效度量表。L 分高，表示答得不真实，答卷无效。但后来的经验(包括 MMPI 的使用经验)说明，它的分数高低与许多因素有关，而不只是真实与否一个因素。例如年龄(中国常模表明，年幼儿童和老年人均偏高)、性别(女性偏高)因素。

资料来源：王安民主编《康复功能评定学》(有补充)，复旦大学出版社 2009 年版。

五、精神压力测试

1. 指导语

下面是每个人都有可能遇到的一些日常生活事件，究竟是好事还是坏事，可根据个人情况自行判断。这些事件可能对个人有精神上的影响（体验为紧张、压力、兴奋或苦恼等），影响的轻重程度各不相同，影响持续的时间也不一样。请您根据自己的情况，实事求是地回答下列问题，请在最合适的答案上打钩（见表 7-2）。

表 7-2　生活事件表

生活事件名称	事件发生时间				性质		精神影响程度					影响持续时间				备注
	未发生	一年前	一年内	长期性	好事	坏事	无影响	轻度	中度	重度	极重	三月内	半年内	一年内	一年以上	
家庭有关问题 1. 恋爱或订婚																
2. 恋爱失败、破裂																
3. 结婚																
4. 自己（爱人）怀孕																
5. 自己（爱人）流产																
6. 家庭增添新成员																
7. 与爱人父母不和																
8. 夫妻感情不好																
9. 夫妻分居（因不和）																

续　表

生活事件名称	事件发生时间				性质		精神影响程度					影响持续时间				备注
	未发生	一年前	一年内	长期性	好事	坏事	无影响	轻度	中度	重度	极重	三月内	半年内	一年内	一年以上	
10. 夫妻两地分居（工作需要）																
11. 性生活不满意或独身																
12. 配偶一方有外遇																
13. 夫妻重归于好																
14. 超指标生育																
15. 本人（爱人）做绝育手术																
16. 配偶死亡																
17. 离婚																
18. 子女升学（就业）失败																
19. 子女管教困难																
20. 子女长期离家																
21. 父母不和																
22. 家庭经济困难																
23. 欠债 500 元以上																
24. 经济情况显著改善																
25. 家庭成员重病、重伤																
26. 家庭成员死亡																

续　表

生活事件名称	事件发生时间				性质		精神影响程度					影响持续时间				备注
	未发生	一年前	一年内	长期性	好事	坏事	无影响	轻度	中度	重度	极重	三月内	半年内	一年内	一年以上	
27.本人重病或重伤																
28.住房紧张																
工作学习中的问题 29.待业、无业																
30.开始就业																
31.高考失败																
32.扣发奖金或罚款																
33.突出的个人成绩、成就																
34.晋升、提级																
35.对现职工作不满意																
36.工作学习中压力大																
37.与上级关系紧张																
38.与同事、邻居不和																
39.第一次远走他乡异国																
40.生活规律重大变动(饮食睡眠规律改变)																
41.本人退休离休或未安排具体工作																

续 表

生活事件名称	事件发生时间				性质		精神影响程度					影响持续时间				备注
	未发生	一年前	一年内	长期性	好事	坏事	无影响	轻度	中度	重度	极重	三月内	半年内	一年内	一年以上	
社交与其他问题 42. 好友重病或重伤																
43. 好友死亡																
44. 被人误会、错怪、诬告、议论																
45. 卷入民事法律纠纷																
46. 被拘留、受审																
47. 失窃、财产损失																
48. 意外惊吓、发生事故、自然灾害																
如果您还经历过其他生活事件，请依次填写在下面空栏中																

2. 量表说明

该测试量表被称为“生活事件量表”(Life Event Scale，简称LES)，共48题。由张亚林、杨德森等在前人工作的基础上编制，主要是对生活事件的影响，即外部精神刺激分别进行了定量和定性两种评估，指导健康者了解自己的精神负荷，维护心身健康，提高生活质量。

3. 量表适用范围

LES适用于16岁以上的正常人，神经症、心身疾病、各种躯体疾病患者以及自知力恢复的重性精神病患者。

4. 计算方法及结果解释

填写者须仔细阅读和领会指导语，然后将某一时间范围内(通常为一年内)的事件记录下来。有的事件虽然发生在该时间范围之前，如果影响深远并持续至今，可作为长期性事件记录。对于表上已列出但未经历的事件应一一注明“未经历”，不留空白，以防遗漏。然后，由填写者根据自身的实际感受而不是按常理或伦理道德观念去判断那些经历过的事件对本人来说是好事或是坏事？影响程度如何？影响的持续时间有多久？

一次性的事件，如流产、失窃要记录发生次数。长期性事件，如住房拥挤、夫妻分居等不到半年记为1次，超过半年记为2次。影响程度分为5级，从毫无影响到影响极重分别记0、1、2、3、4分，即无影响＝0分、轻度＝1分、中度＝2分、重度＝3分、极重＝4分。影响持续时间分一月内、半年内、一年内、一年以上共4个等级，分别记1、2、3、4分。

5. 生活事件刺激量的计算方法

(1)某事件刺激量＝该事件影响程度分×该事件影响持续时间分×该事件发生次数。

(2)正性事件刺激量＝全部好事刺激量之和。

(3)负性事件刺激量＝全部坏事刺激量之和。

(4)生活事件总刺激量＝正性事件刺激量＋负性事件刺激量。

正性事件值
负性事件值
总值

家庭有关问题
工作学习中的问题
社交与其他问题

LES 总分越高，反映个体承受的精神压力越大。95%的正常人一年内的 LES 总分不超过 20 分，99%的不超过 32 分。负性事件的分值越高，对心身健康的影响越大。

资料来源：汪向东编《心理卫生评定量表手册》，中国心理卫生杂志社 1993 年版。

心理小测试：看看你的压力应对方式

指导语：良好的应对方式有助于缓解精神紧张，帮助个体最终成功地解决问题，从而起到平衡心理，保护心理健康的作用。有研究发现，个体在高压事件状态下，如果缺乏社会支持和良好的应对方式，则心理损害很大。

其中，“解决问题—求助”是一种应对压力性事件的有效方式。

下面的小测试可以帮你测算自己的“解决问题—求助”指数提供参考依据。

下面 22 个条目，每个条目有两个答案“是”“否”。请您根据自己的实际情况对每个条目进行“是”或“否”的选择。

1. 常常喜欢找人聊天以减轻烦恼。

2. 请求别人帮助自己克服困难。

3. 投身其他社会活动，寻找新寄托。

4. 把不愉快的事埋在心里。

5. 常压抑内心的愤怒与不满。

6. 为了自尊，常不愿让人知道自己的遭遇。

7. 常与同事、朋友一起讨论解决办法。

8. 向有经验的亲友、师长求教解决方法。

9. 向他人诉说心中的烦恼。

10. 寻求别人的理解和同情。

11. 能理智地应付困难。

12. 善于从失败中吸取教训。

13. 制定一些克服困难的计划并按计划去做。

14. 对自己取得成功的能力充满自信。

15. 专心于工作或学习以忘却不快。

16. 对困难采取等待观望任其发展的态度。

17. 常用两种以上的办法解决困难。

18. 努力去改变现状，使情况向好的一面转化。

19. 吸取自己或他人的经验去应对困难。

20. 常用幽默或玩笑的方式缓解冲突或不快。

21. 常能看到坏事中有好的一面。

22. 努力寻找解决问题的办法。

评分方法

第 1,2,3,7,8,9,10,11,12,13,14,15,16,17,18,19,20,21,22 题，选“是”得 1 分；

第 4,5,6 题，选“否”得 1 分。

以上 22 道题目，得分越高，则“解决问题—求助”指数越高，表明你在生活中表现出一种成熟稳定的人格特征。常能采取“解决

间题"和"求助"等成熟的应付方式,这对于缓解心理压力很有帮助。

资料来源:戚红等主编《个性化健康管理手册》,长征出版社 2005 年版。

六、心理永葆青春测试

国内外众多心理专家,通过对各种心理现象的归纳总结,提出三种自测心理是否衰老的方法,不妨试一试。

1.第一种方法

以下列出的 15 种现象中,如果你具有 13—15 种,则为心理极度衰老;具有 10—12 种,为心理很衰老;具有 7—9 种,为心理比较衰老;具有 4—6 种,为心理有点衰老;仅具有 3 种以下,为心理基本无衰老。

(1)老是记不住最近的事。

(2)总是不自觉地提及过去的事。

(3)对过去的生活总是后悔。

(4)如有急事在身,总感到心情焦急。

(5)事事总好以我为主,以关心自己为重。

(6)对眼前发生的任何事情都感到无所谓。

(7)愿意自己一个人生活。

(8)很难接受新事物。

(9)不喜欢接受陌生人。

(10)对社会的变化感到不安。

(11)很关心自己的健康。

(12)总是固执己见。

(13)很喜欢讲自己过去的本领和功劳。

(14)喜欢收藏东西。

(15)对噪音十分烦恼。

2.第二种方法

以下列出30种心理现象,请你逐个对照:如果具有了其中的26—30种,为心理极度衰老;具有21—25种,为心理很衰老;具有16—20种,为心理比较衰老;具有11—15种,为心理有点衰老;只有10种以下,为心理基本无衰老。

(1)害怕外出。

(2)没有一个年轻的朋友。

(3)别人和你说话非得凑在耳边大声讲才行。

(4)不喜欢看报刊的“智力园地”这类内容。

(5)不能一下子说出“水”的5种用途。

(6)不能一下顺背7位数或倒背5位数。

(7)做事情不能坚持到底。

(8)看小说中有关爱情的描写一跳而过。

(9)喜欢一个人静静地坐着。

(10)即使戴了眼镜也看不清东西。

(11)在两分钟内不能从100开始连续减7直至减到2。

(12)不能想象出天上的云朵像什么。

(13)常常和别人吵架。

(14)吃任何东西都感到味道不好。

(15)不想学习新的知识和技能。

(16)常常把一张立体图看成平面图。

(17)不喜欢下棋等要动脑子的消遣活动。

(18)总以为自己比别人高明。

(19)以前的许多兴趣爱好现在都没有了。

(20)记不清今天是几号也记不清今天是星期几。

(21)钱几乎都花在吃的方面。

(22)老是回顾过去。

(23)常常无缘无故地生闷气。

(24)不喜欢听纯粹的音乐。

(25)看了书、电影、戏剧后,回忆不起其中的内容。

(26)别人的劝告一点也听不进。

(27)常常看错东西或听错话。

(28)走路离不开拐杖。

(29)对未来没有计划和安排。

(30)喜欢反复讲一件事。

3.第三种方法

以下列出 20 种心理现象,如果你具有其中的 17—20 种,为极度心理衰老;具有 13—16 种,为心理衰老;具有 9—12 种,为心理比较衰老;具有 5—8 种,为心理有点衰老;仅具有 4 种以下,为心理基本无衰老。

(1)别人稍有冒犯就火冒三丈。

(2)别人做错事,自己也会感到不安。

(3)有时感到生不如死。

(5)脾气暴躁,焦虑不安。

(5)别人请求帮助时,会感到不耐烦。

(6)经常会感到坐立不安,情绪紧张。

(7)看见生人手足无措。

(8)一点都不能宽容别人,甚至对自己的亲友也是如此。

(9)感情容易冲动。

(10)曾进过精神病医院。

(11)经常感到胆怯和害怕。

(12)在别人家吃饭会感到别扭和不愉快。

(13)不听别人的劝告,一味干某一些事或想某一些事。

(14)没有熟人在身边会感到恐惧不安。

(15)总是愁眉不展,忧心忡忡。

(16)常常犹豫不决,下不了决心。

(17)经常独自哭泣。

(18)紧张时会头脑糊涂。

(19)会无缘无故地想念不熟悉的人。

(20)总希望别人和自己闲聊。

资料来源:唐坚编著《心理学改变你的生活》,朝华出版社2008年版。

七、心理平衡测试

《症状自评量表-SCL90》是世界上最著名的心理健康测试量表之一,是当前使用最为广泛的精神障碍和心理疾病门诊检查量表。表格包含90条测验项目,列出了有些人可能会有的问题,请仔细地阅读每一条,然后根据最近一星期内,您的实际感觉,选择适合的答案,注意不要漏题,这样根据得出的总分就可以相应分析自己的状况。

1.测试题目

该量表包括躯体性、强迫症状、人际关系敏感、抑郁、焦虑、敌

对、恐怖、偏执、精神病性和其他等十个方面的症状因子。下面的自测题目摘自该量表中的六个方面的项目。你可根据自己最近一周内的实际感觉，在各项题前标上 1—5。其中：

“1”表示自觉无该项症状。

“2”表示自觉有该项问题，但发生不频繁或不严重。

“3”表示自觉有该项症状，程度为轻到中度。

“4”表示自觉常有该项症状，其程度为中到严重。

“5”表示自觉常有该项症状，其频度高，程度十分严重。

(1)强迫症状。

主要指那些明知没有必要，但又无法摆脱的无意义的思想、冲动和行为等。

①头脑中有不必要的想法或字句盘旋。

②忘性大。

③担心自己的衣饰整齐及仪态的端正。

④感到难以完成任务。

⑤做事必须做得很慢，以保证做得正确。

⑥做事必须反复检查。

⑦难以做出决定。

⑧脑子一片空白。

⑨不能集中注意力。

⑩必须反复洗手，点数目或触摸某些东西。

(2)人际关系敏感度。

主要指个人的不自在感与自卑感，尤其是在与别人相比时表现得更为突出。

①对旁人责备求全。

②容易哭泣。

③感情容易受到伤害。

④感到人们对你不友好、不喜欢你。

⑤感到别人不理解你、不同情你。

⑥感到比不上别人。

⑦当别人看到你或谈论你时感到不自在。

⑧感到对别人神经过敏。

⑨公共场合吃东西感到很不舒服。

(3)忧郁度。

代表症状是苦闷忧郁的感情和心境,对生活的兴趣减退,缺乏活动的愿望,丧失动力。另外,还包括有关死亡的思想和自杀观念。

①对异性的兴趣减退。

②感到自己精力下降,行动迟缓。

③想结束自己的生命。

④感到受骗、中了圈套或有人想整自己。

⑤与异性相处时感到害羞或不自在。

⑥责备自己。

⑦感到孤独。

⑧感到苦闷。

⑨过分担忧。

⑩对事物不感兴趣。

⑪感到前途没有希望。

⑫感到任何事情都很困难。

⑬感到自己没有什么价值。

(4)敌对度。

主要从三方面来反映敌对的表现:思想、感情及行为。包括

厌烦的感觉、摔物、争论直到不可控制的脾气爆发等各方面。

①容易烦恼和激动。

②不能控制自己而大发脾气。

③有想打人或伤害他人的冲动。

④有想摔东西或破坏东西的念头。

⑤经常与人争论。

⑥大叫或摔东西。

(5)偏执度。

主要指思想方面偏执。

①责怪别人制造麻烦。

②感到大多数人都不可信任。

③感到有人在监视你、议论你。

④有一些别人没有的想法或念头。

⑤认为别人对你的成绩没有做出恰当的评价。

⑥感到别人想占你的便宜。

(6)恐怖。

反映为内心害怕某事物。恐惧对象包括外出、空旷场所、人群、交通工具等。此外,还有社交恐怖。

①害怕空旷的场所或街道。

②怕单独出门。

③怕乘电车、公共汽车、地铁或火车。

④因为感到害怕而避开某些东西、场合或活动。

⑤在商店或电影院等人多的地方感到不自在。

⑥单独一人时神经很紧张。

⑦害怕会在公共场合昏倒。

2.评价方法

(1)总体状况。

总分=各单项得分之和　均分=总分/51

阳性状况分数=有症状项目总分/有症状项目数目。如果均分在3分以上,阳性症状均分在4分以上,则说明心理重度失衡。

(2)单方面状况。

单方面均分=该方面得分之和/该方面项目数。如果均分在3分以上,说明你可能在该方面失去了心理平衡。通过测试,你可以对自己的心理平衡状况有所了解。对于失衡的状况,要及时采取措施,进行自我身心调节;若有必要,应及时向有关方面专家咨询治疗,以及时把握调控心理的时机。

八、夫妻关系紧张度测试

1.指导语

下面是测定夫妻关系紧张程度的题目(见表7-3,7-4),请你仔细阅读每道题目,然后根据自己的实际情况认真填写。请你尽快回答,不要在每道题上过多思索。每道题目都要回答。

每道题目后边都有5个等级供你选择,分别用“无、偶尔、时有、经常、总是”来表示。每个题目只能选一个等级,在相应的数字上面画钩。

2.计分方法

无计1分,偶尔计2分,时有计3分,经常计4分,总是计5分。把10道题的得分加在一起再乘以2成为总分。

表 7-3　夫妻关系紧张度测试及评分

序号	题　　目	无（1分）	偶尔（2分）	时有（3分）	经常（4分）	总是（5分）
1	他对我说假话					
2	他有时间，但家务活什么也不管					
3	他不讲卫生，在家乱放东西					
4	他不愿与我多说话					
5	他对性生活没兴趣					
6	他在外面有异性好朋友					
7	他与我家里人疏远					
8	他对孩子教育不关心					
9	他与我吵架					
10	我身体不舒服他也不关心我					
总分						

表 7-4　夫妻关系紧张度测试评估

分　数	程　　度
80 分以上	高
70—79 分	中等偏高
60—69 分	中等偏低
60 分以下	低

资料来源：王极盛《病由心生 3》，中国言实出版社 2007 年版。

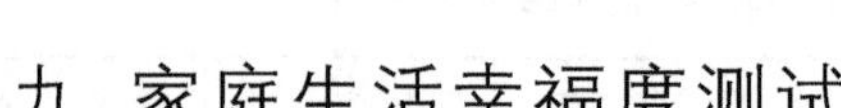

九、家庭生活幸福度测试

1.指导语

下面是关于家庭生活幸福度测定的题目，请你仔细阅读每道题目，然后根据自己的实际情况认真回答。请尽快回答，不要在每道题上过多思索。每道题目都要回答。

每道题目后边都有 5 个等级供你选择，分别用"无、偶尔、时有、经常、总是"来表示。每个题目只能选一个等级，在相应的数字上画钩。

2.计分方法

无计 1 分，偶尔计 2 分，时有计 3 分，经常计 4 分，总是计 4 分。把 20 道题目的得分加在一起是总分。

表 7-5　家庭生活幸福度测试及评分

序号	题　　目	无（1 分）	偶尔（2 分）	时有（3 分）	经常（4 分）	总是（5 分）
1	在家里我严于律己					
2	我对待客人热情					
3	在家里我尊重他人					
4	夫妻彼此忠诚					
5	在家中我富有同情心					
6	我勇于干家务活，不怕脏、不怕累					
7	家庭成员闹矛盾不记仇					
8	我善于教育孩子					

续　表

序号	题　　目	无（1分）	偶尔（2分）	时有（3分）	经常（4分）	总是（5分）
9	我能控制脾气					
10	我善于帮助家庭成员					
11	家庭环境搞得井然有序					
12	我说话不唠叨					
13	有困难请家人帮助解决					
14	在家庭经济方面，计划用钱，善于用钱					
15	我在家里真诚待人，开诚布公					
16	我孝敬长辈					
17	我在家里心情好					
18	我在家里能容人					
19	家庭生活有乐趣					
20	我出门在外惦念着家					
总分						

表 7-6　家庭生活幸福度测试评估

分　数	程　　度
80 分以上	高
70—79 分	中等偏高
60—69 分	中等偏低
60 分以下	低

资料来源：王极盛《病由心生 3》，中国言实出版社 2007 年版。

十、婚姻美满度自我测试

婚姻是否美满幸福，不仅仅在于夫妻双方的感情浓厚与否，也在于双方对婚姻认识的观点是否正确。这20道试题可帮助你自我检测婚姻观是否正确，婚姻是否美满幸福。

1.测试题

(1)和爱人交谈，重要的在于内容充实，而不在交谈时间的长短。

(2)夫妻之间不能泄怒和发脾气，应该忍耐、克制自己的情感。

(3)家庭中出现危机和困难会使夫妻关系更牢固，更亲密无间。

(4)婚姻美满的夫妇从不向对方诉说个人的忧虑和困惑。

(5)当婚姻面临破裂，离婚能创造一个重新建立新生活的机会。

(6)追求浪漫的爱情，能使婚姻充满激情、幸福、甜蜜。

(7)夫妻双方的行动应该尽力保持一致，这是婚姻美满的一个方面。

(8)迎合并取悦对方，能避免夫妻间的争执与矛盾，增进感情。

(9)在家庭生活中，不像在工作单位中要行为检点、谨慎从事，可以在言语和行为上放任、随意些。

(10)如果对方真心爱我，我不告诉他或她心里的想法和打算，他或她也应该知道和了解。

(11)在婚姻美满的家庭中,应该绝对信任对方对爱情的忠诚和专一。

(12)结婚纯粹就是爱的缘故。

(13)在婚姻中,唯有“爱”才是维护和联结婚姻与家庭的纽带。

(14)如果婚姻中面临情感危机,有个孩子就可以化险为夷。

(15)喜配偶之所喜,忧爱侣之所忧,是缔造美满婚姻的关键所在。

(16)夫妻双方在各方面应该紧密相连,不要在中间留有丝毫空隙。

(17)要使爱情“青春”常在,就要永葆新婚时刻的甜蜜激情。

(18)在婚姻中,丈夫应该让妻子感到他时刻保护着她。

(19)爱情需要伴侣间无条件的理解。

(20)当婚姻由于伴侣与自己在个性和生活习惯上产生矛盾和冲突时,应该静等或帮助对方加以改变。

2.答案

以上20道测验题答案的正确选择全都是“否”。如果你在这些测验题中认为其中几题的答案是“是”,那么,这些观念就是你所持婚姻观的谬误之处,也是你在今后婚姻生活中必须加以改正的。

其实,一对幸福美满的夫妻,一个和睦安宁的家庭,并不是建立在海市蜃楼的梦幻中,而是建立在有争吵、有谅解、有困惑、有憧憬的基础上。

3.解析

(1)造成夫妻不能长久地心心相印的原因之一,就是夫妻双

方忽视了经常在一起交谈的重要性，而促膝谈心是不可能在很短的时间内进行的。

(2)夫妻双方简单化地抑制各自的情绪和不满，尽量不说气话，表面上看起来和和睦睦，实际上会使夫妻关系冷漠而毫无生气。双方间的不满，只有以平和的语调及时告知对方，才能使矛盾得以解决，从而使双方从心底感到婚姻的乐趣和幸福。

(3)婚姻面临困难和危机，往往是导致离婚的直接原因，因为逃避现实比与之抗争容易得多。只有当困难来自外界而不是产生于家庭内部时，夫妻间才有可能团结起来，一致对外。

(4)造成夫妇间不向对方表露内心困惑的原因，在于担心开诚布公反而会招致对方的轻蔑和责难。实际上，把某些困惑告诉对方，寻求帮助和支持，反倒使对方感到你很需要他或她，促使夫妻关系更为紧密。

(5)离婚虽然能使双方摆脱一时的困境，但接踵而来产生的心理上的失落感、经济上的矛盾、子女的抚养问题等更让人烦恼。想通过离婚另觅佳侣、重建美满家庭的想法，只不过是一种梦幻的希望而已。

(6)人与人之间要长久地相亲相爱，必须有共同的生活目标和价值观念。浪漫的恋爱终究要被婚后长时间的平凡生活所代替。

(7)婚姻美满幸福之秘诀，在于阴阳互补、刚柔相济，夫妻间纵有70%的时间在一起，也应该允许各自有活动的自由和内心的小天地。唯此才显婚姻之谐趣。

(8)一味迎合、取悦对方，反而会使对方感到婚姻生活索然无味。而当一方的懦弱使爱的火花不再生辉时，争吵就更易产生。

(9)不管是谁，如果经常性地把工作中的苦恼和气闷带到家

里发泄,都会引起对方的不满和反抗。要是你能与爱侣就这些苦闷进行商谈,反倒可以平心静气,又能使夫妻关系和融。不妨一试。

(10)在任何婚姻中,一方不管对另一方的爱有多深,也不可能对对方微妙的情感及心理变化明察秋毫。

(11)绝对相信配偶对爱情无条件的专一,属于主观上的想当然,因为现实生活中并不能排除配偶有受到诱惑的可能。只有对配偶加倍抚爱、体贴关怀,时常让对方感到你爱的气息,才是永葆爱恋的灵丹妙药。

(12)现实生活中,许多出于"爱"的缘故而结婚的人会发现当"爱的狂潮"逐渐平息,取而代之的是一种责任感以及互相尊重和协调。结婚并非百分之百是爱的产物,很可能是被某种欲望所促成的。

(13)婚姻中失去"爱"的维系就不能成为完善的婚姻,但在现实事例中,亦有许多没有什么爱情可言的婚姻同样能久经考验。

(14)在不幸的婚姻中,生个孩子不但无益于配偶间关系的改善,而且等于又平添了一颗不幸的种子,使其成为父母的"出气筒"和争吵的导火线。

(15)夫妻双方只有对对方独具的个性和爱好给予尊重,让彼此间都有各自的自由和喜好,才能保持各自的魅力,使爱的源泉永不枯竭。

(16)夫妻间的关系必须留有一定的间距,不要使双方感到透不过气来。间距太远,"听"不见对方爱的呼唤;间距太近,"看"不到对方情的流转。

(17)持婚姻生活一如新婚时甜蜜美满之观点者,当他或她面临接踵而来的现实生活中的烦恼与困难时将不知所措,使浪漫之梦幻破灭。婚姻美满需要夫妻双方长久地共同努力和探索才能达到。

(18)令人羡慕的婚姻中,夫妻双方都站在同一地平线上拥抱爱神。妻子不乞求丈夫的庇护,丈夫不充当妻子的卫士。他们都注视前方的爱的朝阳,偶尔交换一个会心的微笑。

(19)人成熟的标志之一,就是应该认识并接受这样一种事实,那就是要找到一个能完全理解自己的爱人是不可能的,否则也就失去了婚姻的意义。

(20)婚姻生活中,一味地按自己的意愿去改变对方的习惯和脾性,只会造成夫妻间矛盾的激化,使婚姻裂变。如果要改变的话,首先要改变的是自己,这样对方才会随之做出呼应,最终步入协调。

资料来源:华英《婚姻美满度自我测验》,《心理世界》2002年第8期。

十一、心理亚健康测试

1. 测试题

请回答:“是”或“不是”

(1)你是否常会感到不开心?

(2)有人对不起你,你是否超过半年还耿耿于怀?

(3)你是否在日常工作或生活中,做事容易走神,难以将注意力集中在手中所做的事上?

(4)你是否经常不想跟人说话?

(5)你是否会感到不自信,喜欢逃避现实?

(6)你是否长时间地分析自己的心理感受和某一行为?

(7)你是否经常觉得别人看不起你,总感觉别人在谈论自己?

(8)你是否发现自己近来反应迟钝,常常在关键场合脑子瞬间空白,郁郁寡欢?

(9)你是否常为小事与人发生争执,争论时无法控制自己的嗓门,导致声音太响或太轻?

(10)你是否习惯于自言自语?

(11)别人不理解你,你是否会发火?

(12)是不是看喜剧片、听笑话也开心不起来?

(13)你是否觉得在和人聊天时,明显跟不上别人谈话的节奏?

2.测试解析

客观回答上述问题,如果答案多为“不是”,目前您具有健康的心理。假如答案多为“是”,那一定要重视起来,您的心理可能已经出现问题,影响到了心理健康,应及时进行生活习惯和行为的调整。

健康生活方式与行为

1.健康生活方式主要包括合理膳食、适量运动、戒烟限酒、心理平衡四个方面。

2.保持正常体重,避免超重与肥胖。

3.膳食应当以谷类为主,多吃蔬菜、水果和薯类,注意荤素、粗细搭配。

4. 提倡每天食用奶类、豆类及其制品。

5. 膳食要清淡，要少油、少盐、少糖，食用合格碘盐。

6. 讲究饮水卫生，每天适量饮水。

7. 生、熟食品要分开存放和加工，生吃蔬菜水果要洗净，不吃变质、超过保质期的食品。

8. 成年人每日应当进行6—10千步适量的身体活动，动则有益，贵在坚持。

9. 吸烟和二手烟暴露会导致癌症、心血管疾病、呼吸系统疾病等多种疾病。

10. “低焦油卷烟”“中草药卷烟”不能降低吸烟带来的危害。

11. 任何年龄戒烟均可获益，戒烟越早越好，戒烟门诊可提供专业戒烟服务。

12. 少饮酒，不酗酒。

13. 遵医嘱使用镇静催眠药和镇痛药等成瘾性药物，预防药物依赖。

14. 拒绝毒品。

15. 劳逸结合，每天保证7—8小时的睡眠。

16. 重视和维护心理健康，遇到心理问题时应当主动寻求帮助。

17. 勤洗手、常洗澡、早晚刷牙、饭后漱口，不共用毛巾和洗漱用品。

18. 根据天气变化和空气质量，适时开窗通风，保持室内空气流通。

19. 不在公共场所吸烟、吐痰，咳嗽、打喷嚏时遮掩口鼻。

20. 农村使用卫生厕所，管理好人畜粪便。

21. 科学就医，及时就诊，遵医嘱治疗，理性对待诊疗结果。

22. 合理用药，能口服不肌注，能肌注不输液，在医生指导下使用抗生素。

23. 戴头盔、系安全带，不超速、不酒驾、不疲劳驾驶，减少道路交通伤害。

24. 加强看护和教育，避免儿童接近危险水域，预防溺水。

25. 冬季取暖注意通风，谨防煤气中毒。

26. 主动接受婚前和孕前保健，孕期应当至少接受5次产前检查并住院分娩。

27. 孩子出生后应当尽早开始母乳喂养，满6个月时合理添加辅食。

28. 通过亲子交流、玩耍促进儿童早期发展，发现心理行为发育问题要尽早干预。

29. 青少年处于身心发展的关键时期，要培养健康的行为生活方式，预防近视、超重与肥胖，避免网络成瘾和过早性行为。

基本技能

1. 关注健康信息，能够获取、理解、甄别、应用健康信息。

2. 能看懂食品、药品、保健品的标签和说明书。

3. 会识别常见的危险标识，如高压、易燃、易爆、剧毒、放射性、生物安全等，远离危险物。

4. 会测量脉搏和腋下体温。

5. 会正确使用安全套，减少感染艾滋病、性病的危险，防止意外怀孕。

6. 妥善存放和正确使用农药等有毒物品，谨防儿童接触。

7. 寻求紧急医疗救助时拨打120，寻求健康咨询服务时拨打12320。

8. 发生创伤出血量较多时，应当立即止血、包扎；对怀疑骨折

的伤员不要轻易搬动。

9.遇到呼吸、心搏骤停的伤病员，会进行心肺复苏。

10.抢救触电者时，首先要切断电源，不要直接接触触电者。

11.发生火灾时，用湿毛巾捂住口鼻、低姿逃生；拨打火警电话119。

12.发生地震时，选择正确避震方式，震后立即开展自救互救。

参考书目

[1] 赵玉芳.妇女心理健康与防治[M].重庆:西南师范大学出版社,2009.

[2] 王极盛.病由心生3:女性心理健康与疾病防治[M].北京:中国言实出版社,2007.

[3] 唐坚.心理学改变你的生活[M].北京:朝华出版社,2009.

[4] 张丹,天舒.心理健康:女性的幸福之本[M].北京:石油工业出版社,2007.

[5] 深堀元文.图解心理学[M].天津:天津教育出版社,2008.

[6] 中国就业培训技术指导中心.婚姻家庭咨询师[M].北京:中国劳动社会保障出版社,2009.

[7] 中国就业培训技术指导中心.心理咨询师[M].北京:民族出版社,2006.

[8] 项春.合理膳食吃掉"亚健康"[J].东方食疗与保健,2009(7).

[9] 王璐,王旭峰.营养是"搭"出来的[J].婚姻与家庭(社会纪实版),2014(11).

[10] 金芬芳,李加利.感冒合理用药247问[M].北京:中国医药科技出版社,2009.

[11] 肖水源.社会支持评定量表(SSRS)[J].北京:首都师范大学学报(社会科学版),2000(1).

[12] 赵国秋,曹承建.公民必备健康素养[M].杭州:浙江科学技术出版社,2009.

[13] 中原英臣.医生没告诉过你的养生法[M].西安:陕西师范大

学出版社,2009.

[14] 徐传庚,宾映初.心理护理学[M].北京:中国医药科技出版社,2012.

[15] 张瑞星,沈键.医学心理学[M].上海:同济大学出版社,2015.

[16] 张明园,何燕玲.精神科评定量表手册[M].长沙:湖南科学技术出版社,2015.

[17] 孙健升.培育阳光心态[M].石家庄:河北人民出版社,2007.

[18] 唐坚.心理学改变你的生活[M].北京:朝华出版社,2010.

[19] 汪向东.心理卫生评定量表手册[M].北京:中国心理卫生杂志社,1993.

[20] 陈立人.史春宜.心理健康与心理咨询[M].北京:中国石化出版社,2004.

[21] 胡晓梅.人生必做的N个测试[M].北京:中国物资出版社,2008.

[22] 魏保生.抑郁症[M].北京:中国医药科技出版社,2014.

[23] 华英.婚姻美满度自我测验[J].心理世界,2002(8).

心中有阳光　脚下有力量

（代后记）

2015 年 5 月的一次阳光关爱活动，我们前往一户受助家庭看望慰问，受助的母亲爱芬几年前得乳腺癌已做了手术，女儿又因肾病综合征休学治疗，高昂的医疗费用导致家中十分困难。母亲见我们来，满心谢意并告诉我们女儿病情已有好转。女儿正在补习功课，告诉我们下半年就可以重返校园，眼中流露出幸福和期待。从母女俩身上，不知道情况的人，根本无法看出她们曾双双罹患重疾。那一刻我感到，帮助她们战胜病魔、走出困境的，不仅仅是阳光关爱工程的资助，更是她们的乐观、坚强、自信和拥有一颗充满阳光的心。

习近平总书记在一次同基层代表座谈时指出：心中有阳光，脚下有力量。我们在人生路上，有平川也有高山，有缓流也有险滩，有丽日也有风雨，有喜悦也有哀伤，无论环境如何变化，只要心中充满阳光，就会拾起勇气、找到方向。多年的基层妇女工作经历告诉我，太多的农村妇女由于受物质条件、文化水平、传统观念等各方面的限制，面对压力、困难、变故，难以像爱芬那样乐观，她们往往陷于痛苦、孤独而无人能助。于是，我和同样长期从事基层妇女工作的吕森钦同志一起萌生了这样一个想法，要“授人以鱼”，更要“授人以渔”，向广大农村妇女介绍心理健康的基本常识和心理调适的方法技巧，使她们也能拥有一颗充满阳光的心。

过去近两年时间我们几乎把全部精力倾注于本书的编写当

中，由于缺乏经验和能力水平所限，其间遇到了大量未曾预料的困难。在此过程中，特别感谢浙江省妇联张丽萍副主席、绍兴市妇联邢南艳主席的勉励指导，感谢浙江帅丰电器有限公司商若云董事长的热心支持，感谢绍兴市妇联钱青青，嵊州市妇联赵品月、王中萍，绍兴晚报社徐苏辛，嵊州电视台邢远红等各位同人好友的关心帮助，感谢浙江工商大学出版社为本书付梓所做的大量工作。正是大家的共同努力，使编写本书的计划得以成为现实，也让我们切身感受到：心中有阳光，脚下有力量。

我们愿成为阳光的传播者。

陈　利

2017 年 5 月 20 日